新入职企业员工培训系列教材

电力安全
基本技能

许庆海 编

中国电力出版社
CHINA ELECTRIC POWER PRESS

内 容 提 要

本书是按照国家标准、行业标准及相关技术规范编写的，目的是为了让新入职电力企业员工了解并掌握必备的电力生产安全基础知识、标准的工作行为规范及现场作业风险预控措施，提高他们的安全意识，树立牢固的安全生产观念，杜绝人身伤亡事故和恶性误操作事故。书中配有大量的图表，直观生动地对相应内容进行解读，指导现场安全操作。

本书主要内容包括安全工器具及个人防护用品使用、安健环设施的设置、《电业安全工作规程》“十个规定动作”、电气操作行为规范、配网现场作业重点风险预控、现场紧急救护知识和消防安全知识。

本书可作为新入职电力企业员工的培训教材，也可作为生产班组职工的安全和技术培训教材及相关专业院校师生的参考书。

图书在版编目（CIP）数据

电力安全基本技能/许庆海编．—北京：中国电力出版社，2012.5（2021.1重印）

新入职企业员工培训系列教材

ISBN 978-7-5123-2960-7

Ⅰ．①电… Ⅱ．①许… Ⅲ．①电力安全-职工培训-教材 Ⅳ．①TM7

中国版本图书馆CIP数据核字（2012）第078309号

中国电力出版社出版、发行

（北京市东城区北京站西街19号 100005 http：//www.cepp.sgcc.com.cn）

北京盛通印刷股份有限公司印刷

各地新华书店经售

*

2012年5月第一版 2021年1月北京第六次印刷

710毫米×980毫米 16开本 14.5印张 167千字

印数15501—16500册 定价**65.00**元

前　言

《新入职企业员工培训系列教材　电力安全基本技能》是按照国家标准、行业标准及相关技术规范、规定编写的，目的是为了让新入职电力企业员工了解并掌握必备的电力生产安全基础知识和标准的工作行为规范及现场作业风险预控能力，提高他们的安全意识，树立牢固的安全生产观念，杜绝人身伤亡事故和恶性误操作事故。

本书主要内容包括安全工器具及个人防护用品使用、安健环设施的设置、《电业安全工作规程》"十个规定动作"、电气操作行为规范、配网现场作业重点风险预控、现场紧急救护知识和消防安全知识。

本书自2008年使用以后，对新入职电力企业员工及生产班组职工的安全技能培训工作起到了积极的作用，本书在原稿的基础上进行了修编，补充了内容，配有大量的图表，直观生动地进行解读，指导现场安全操作，规范操作行为，提高安全意识。本书除作为新入职电力企业员工培训教材外，也可作为生产班组职工的安全和技术培训用书。

全书由广东电网公司教育培训评价中心许庆海编写，广东电网公司惠州供电局张军、黄日雄，佛山供电局刘石生、陈卫民，江门供电局黄光炎在本书的编写过程中给予协助并提出了很多宝贵的意见和建议，同时也得到广东电网公司人资部、生技部、安监部、广东电网公司教育培训评价中心领导、同事的大力协作和帮助，在此一并致谢。

由于编者水平所限，书中难免存在不足之处，希望读者能及时提出宝贵意见，以便修订完善。

编　者

2012年3月

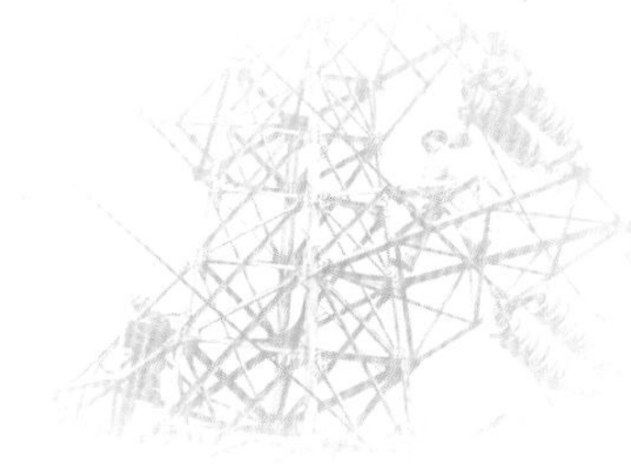

目 录

第一章
安全工器具及个人防护用品使用

第一节　基本安全工器具的使用

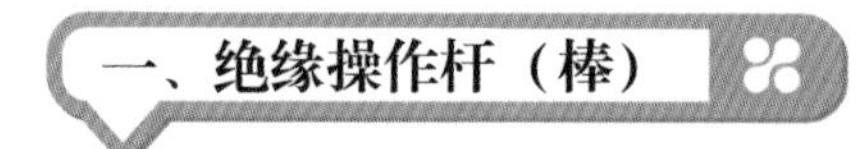

一、绝缘操作杆（棒）

1. 主要用途

绝缘操作杆（棒）主要用来接通或断开跌落式熔断器、刀闸，安装和拆除临时接地线以及带电测量和试验等工作。

2. 结构及规格

绝缘操作杆（棒）由工作部分、绝缘部分和握手部分组成，如图1－1所示。

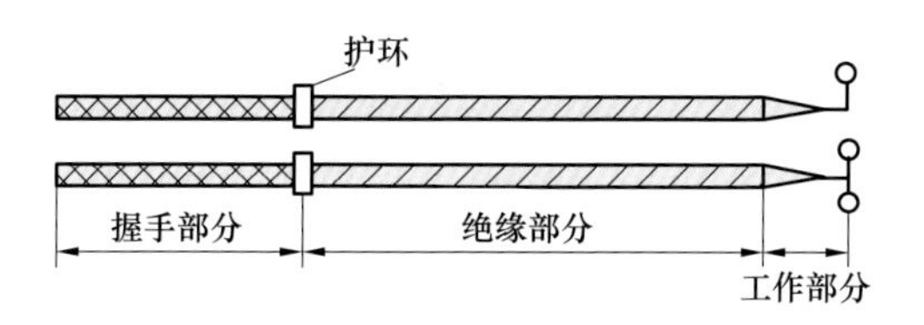

图1－1　绝缘操作杆（棒）结构

（1）工作部分一般由金属或具有较大机械强度的绝缘材料（如玻璃钢）制成，一般不宜过长，在满足工作需要的情况下，长度不宜超过5～8cm，以免操作时发生相间或接地短路。

（2）绝缘部分和握手部分一般由环氧树脂管制成，两者之间由护环隔开。绝缘操作杆（棒）的杆身要求光洁、无裂纹或损伤，其长度根据工作需要、电压等级和使用场所而定。如 110kV 以上电气设备使用的绝缘操作杆（棒），其长度部分为 2 ～ 3m。

3. 使用方法和注意事项

（1）检查

电压等级	试验日期	外观
 额定电压 10 kV	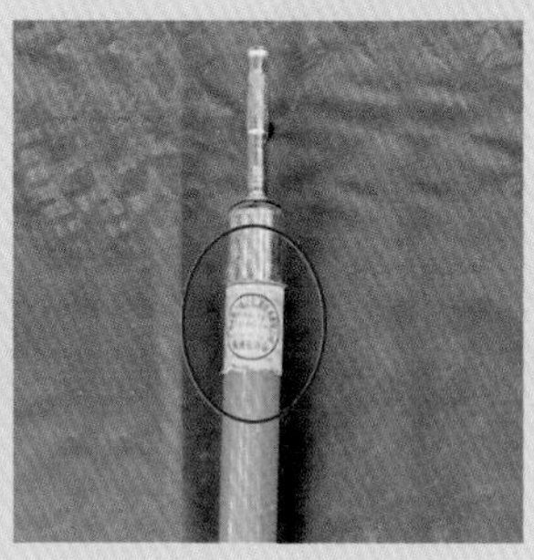	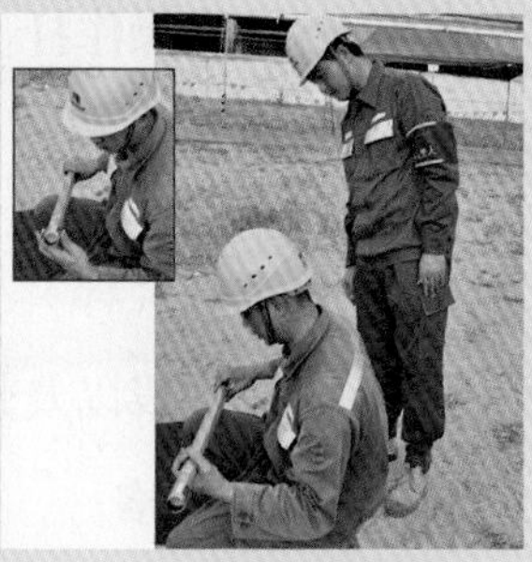
绝缘操作杆的规格必须符合被操作设备的电压等级，切不可任意取用	检查试验合格证试验日期是否在有效期内。每年应进行一次预防性试验	检查表面是否完好，各部分的连接是否可靠。外表应干净、干燥、无明显损伤

(2) 使用

戴绝缘手套	合适的站立位置	使用带防雨罩的绝缘操作杆

为防止因绝缘操作杆受潮而产生的泄漏电流，危及操作人员的安全，在使用时，均应戴绝缘手套，握手部分不应超过标示线，当接地网电网不符合规程要求时，还应穿绝缘鞋	操作人应选好合适的站立位置，保证与相邻带电体足够的安全距离，避免物件失控落下时，造成人员损伤	下雨、下雪天在室外使用绝缘操作杆时，还应使用带防雨罩的绝缘操作杆，以使罩下部分的绝缘保持干燥

(3) 保管

绝缘操作杆应统一编号	放在安全工具柜内

1）绝缘操作杆不得直接与墙或地面接触，以防碰伤其绝缘表面，使用后要把绝缘操作杆清擦干净。 2）绝缘操作杆应统一编号，保存在干燥的室内，以防受潮。一般垂直悬挂在专用挂架上，以防弯曲变形	

（4）易犯错误

1）使用前没核对绝缘操作杆的电压等级，以及试验日期是否在有效期内，没进行外观检查。

2）使用时没戴绝缘手套，手握在护环以上。

3）操作柱上断路器时站在断路器正下方。

验电器又称测电器、试电器或电压指示器，分为高压验电器和低压验电器。

（一）高压验电器

1. 主要用途

高压验电器是用来检查高压线路和电力设备是否带电的工具，是变电站常用的最基本的安全用具。高压验电器一般以辉光作为指示信号。新式高压验电器也有靠音响或语言作为指示的。

2. 高压验电器结构

声光式验电器由验电接触头、测试电路、电源、报警信号、试验开关等部分组成。

3. 工作原理

验电器接触头接触到被试部位后，被测试部分的电信号传送到测试电路，经测试电路判断，被测试部分有电时验电器发出音响和灯光闪烁信号报警，无电时没有任何信号指示。为检查指示器工作是否正常，设有一处试验开关，按下后能发出音响和灯光信号，表示指示器工作正常。

4. 使用方法及注意事项

详见第三章第七节“验电”。

（二）低压验电器

低压验电器又称试电笔或电笔。

1. 主要用途

这是一种检验低压电气设备、电器或线路是否带电的工具，氖管灯光亮时表明被测电器或线路带电；也可以用来区分火（相）线和地（中性）线，此外还可用它区分交、直流电，当氖管灯泡两极附近都发亮时，被测体带交流电，当氖管灯泡一个电极发亮时，被测体带直流电。它的工作范围是在 100～500V。

2. 结构

低压验电器的结构如图 1－2 所示，它由一个高值电阻、氖管、弹簧、金属触头和笔身等组成。

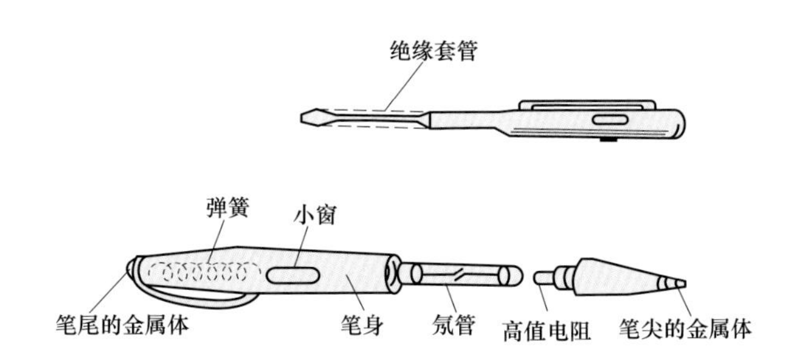

图 1－2　低压验电器的结构

3. 使用方法及注意事项

详见第三章第七节“验电”。

第二节　辅助安全工器具的使用

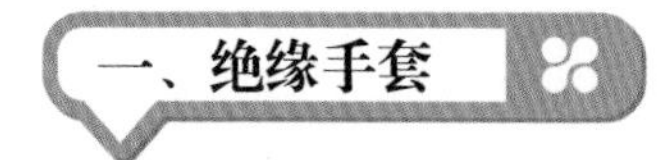

1. 主要用途

绝缘手套是在高压电气设备上进行操作时使用的辅助安全用具，如用来操作高压隔离开关、高压跌落开关，装拆接地线，在高压回路上验电等。在低压交直流回路上带电工作时，绝缘手套也可以作为基本安全用具使用。绝缘手套可使人的两手与带电物绝缘，是防止同时触及不同极性带电体而发生触电危险的安全用品。

2. 使用规范

（1）使用总体要求。绝缘手套是作业时使用的辅助绝缘安全用具，须与基本绝缘安全工器具配套使用。在400V以下带电设备上直接用于不停电作业时，在满足人体安全距离的前提下，不允许超过绝缘手套的标称电压等级使用。

（2）必须佩戴绝缘手套的作业。

1）装、拆接地线操作时。

2）操作机械传动的断路器（开关）或隔离开关（刀闸），以及用绝缘操作棒拉合隔离开关（刀闸）或经传动机构拉合隔离开关（刀闸）和断路器（开关）。

3）解开或恢复电杆、配电变压器和避雷器的接地引线时。

4）低压带电作业时。

5）装拆高压熔断器（保险）时。

6）高压设备验电时。

7）在带电的电压互感器二次回路上工作时。

8）电容器停电检修前，应戴绝缘手套对电容器放电。

9）使用钳形电流表进行工作时。

10）带电水冲洗作业时。

11）锯电缆以前，用接地的带木柄的铁钎钉入电缆芯时，扶木柄的人应戴绝缘手套。

12）高压设备发生接地故障，需接触设备的外壳和架构时。

3. 使用方法及注意事项

（1）检查

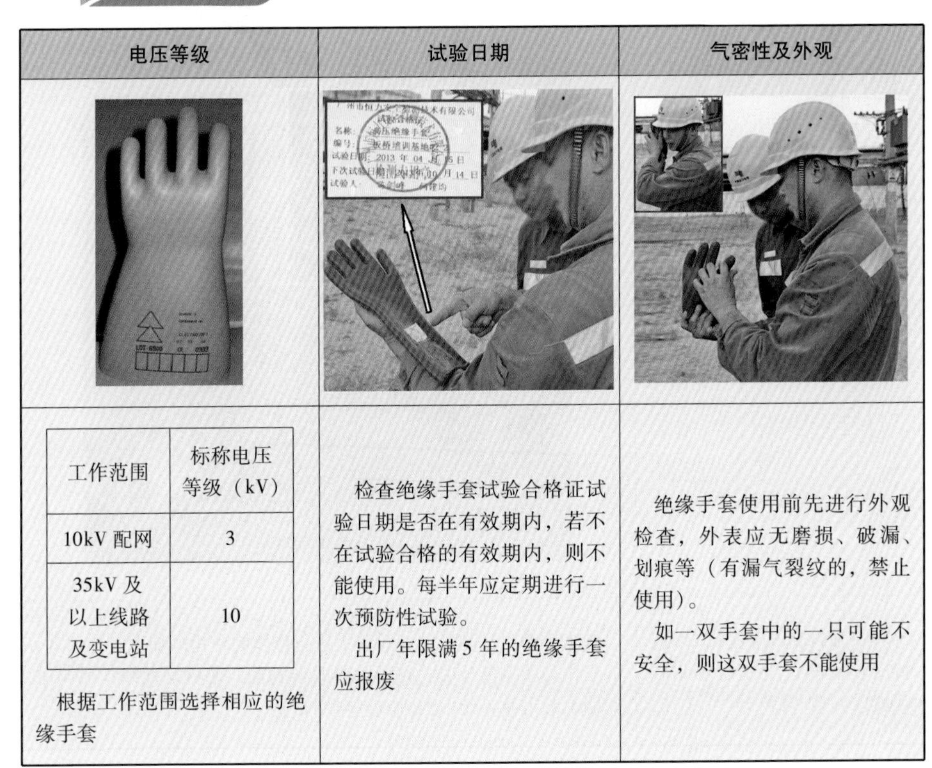

<table>
<tr><th>电压等级</th><th>试验日期</th><th>气密性及外观</th></tr>
<tr><td><table><tr><td>工作范围</td><td>标称电压等级（kV）</td></tr><tr><td>10kV 配网</td><td>3</td></tr><tr><td>35kV 及以上线路及变电站</td><td>10</td></tr></table>根据工作范围选择相应的绝缘手套</td><td>检查绝缘手套试验合格证试验日期是否在有效期内，若不在试验合格的有效期内，则不能使用。每半年应定期进行一次预防性试验。
出厂年限满 5 年的绝缘手套应报废</td><td>绝缘手套使用前先进行外观检查，外表应无磨损、破漏、划痕等（有漏气裂纹的，禁止使用）。
如一双手套中的一只可能不安全，则这双手套不能使用</td></tr>
</table>

（2）使用

穿戴要求	使用场所
将衣袖口套入手套筒口内，同时注意防止尖锐物体刺破手套	绝缘手套是在高压电气设备上进行操作时使用的辅助安全用具，如操作高压隔离开关、高压跌落式熔断器，装拆接地线，在高压回路上验电等工作

(3) 保管

放在安全工具柜内
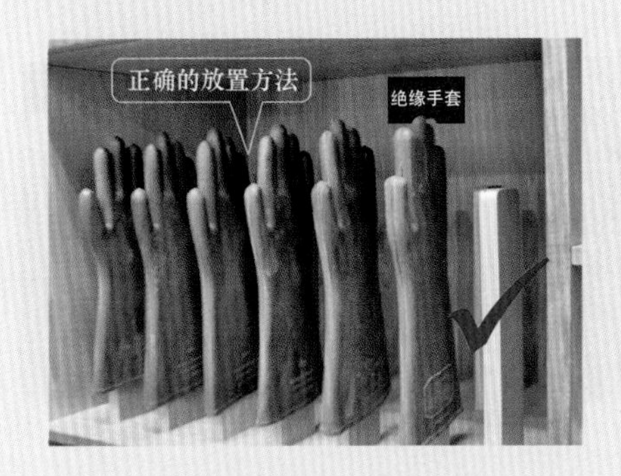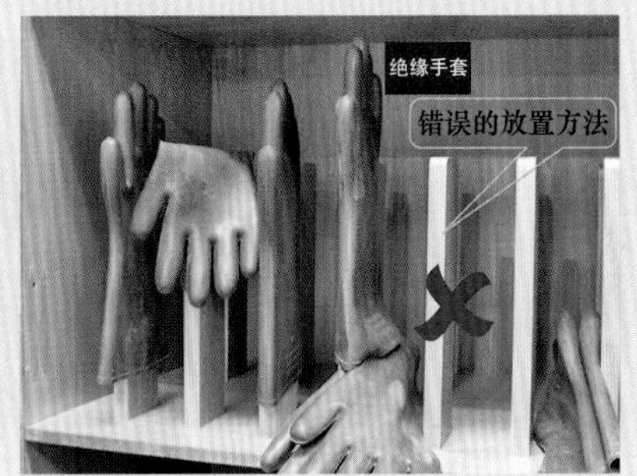
使用后的处理： 1）绝缘手套使用后应进行清洁、擦净、晾干，并应检查外表良好。 2）手套被弄脏时应用肥皂和水清洗，彻底干燥后涂上滑石粉，避免粘连。 3）遭雨淋、受潮时应进行干燥处理后方可使用，但干燥温度不能超过65℃。 **存放及管理要求：** 1）必须按照“三分开”原则（即绝缘安全工器具、一般防护安全工器具和其他安全工器具与材料分开存放）。 2）储存仓库保持整洁、通风干燥，避免阳光直射，避免潮湿和高温。离地和墙壁0.2m以上，不得接触油、酸碱类或其他腐蚀性物质。储存在环境温度宜为20℃ ±5℃、相对湿度为50% ~ 80%的库房中。避免挤压折叠，应垂直倒插，摆放整齐。 3）出动抢修车时，应将绝缘手套存放在绝缘工器具专门的工具箱内，工作完毕后，须将绝缘手套整理清洗并及时存放在安全工器具室，严禁长期将绝缘手套放置于抢修车中。 4）使用单位须分类列册登记，建立绝缘手套使用和试验台账，对定期检验的数据进行校核。各种检查记录、有关证书和检验试验报告、出厂说明及有关技术资料均应妥善保存，以备查核。 5）不合格的绝缘手套须隔离处理，不准与合格绝缘工器具混放。 **报废标准：** 外观检查有破损、霉变、针孔、裂纹、砂眼、割伤，定期（预试）试验不合格或出厂后年限满5年，符合以上其中一项即作报废或销毁处理

（4）易犯错误

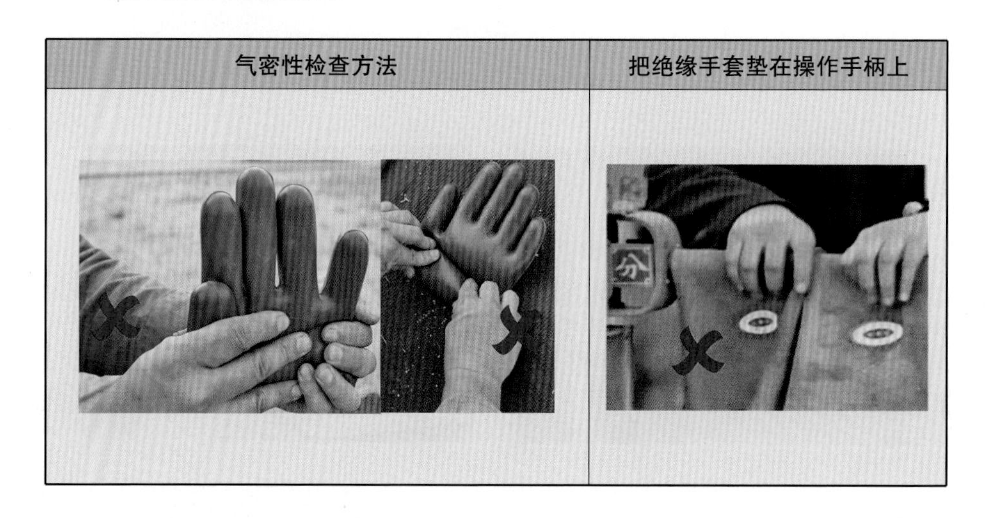

气密性检查方法	把绝缘手套垫在操作手柄上

二、绝缘靴

1. 主要用途

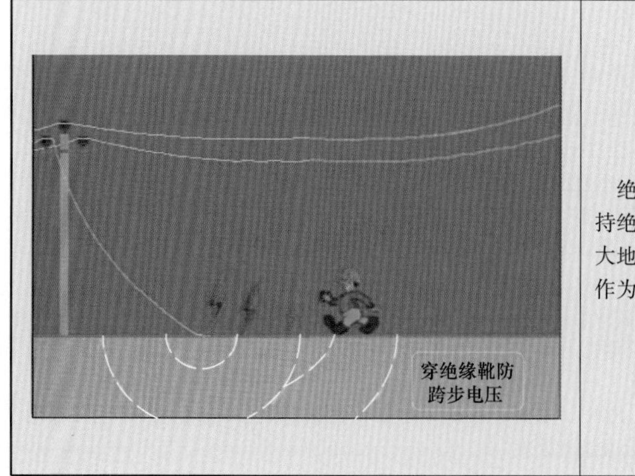	绝缘靴的作用是保证人体与地面保持绝缘，是高压操作时使用人用来与大地保持绝缘的辅助安全用具，可以作为防跨步电压的基本安全用具

2. 使用方法及注意事项

(1) 检查

电压等级	试验日期	鞋底及外观
 绝缘靴：35kV		
工作范围 / 标称电压等级（kV）：10kV 配网 — 3；35kV 及以上线路及变电站 — 10 根据工作范围选择相应的绝缘手套	检查绝缘靴试验合格证试验日期是否在有效期内，若不在试验合格的有效期内，则不能使用。 每半年应定期进行一次预防性试验。 出厂年限满 5 年的绝缘手套应报废	绝缘靴使用前先进行外观检查，外表应无磨损、破漏、划痕、靴底无裂纹等。 对绝缘靴进行检查，如发生霉变、有任何破损则不能使用。 如一双绝缘靴中的一只可能不安全，则这双绝缘靴不能使用

工作范围	标称电压等级（kV）
10kV 配网	3
35kV 及以上线路及变电站	10

（2）使用

穿戴要求	使用场所
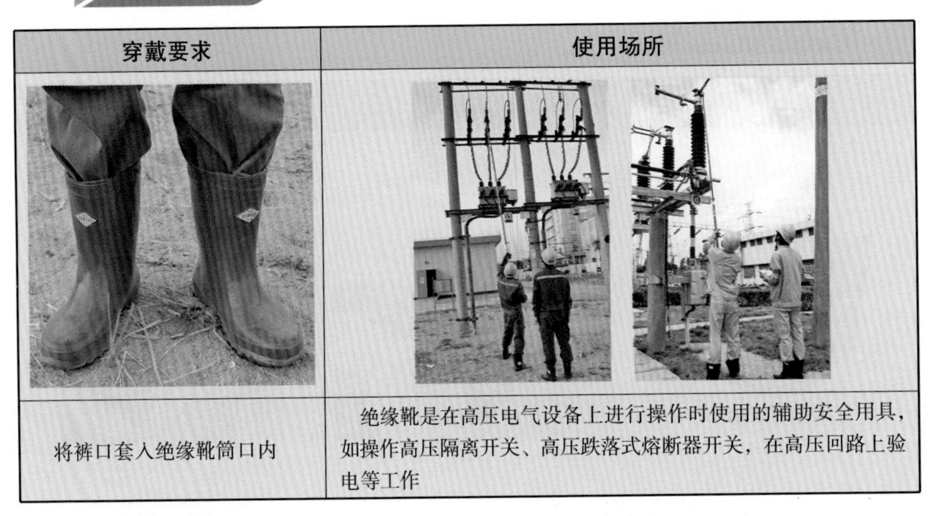	
将裤口套入绝缘靴筒口内	绝缘靴是在高压电气设备上进行操作时使用的辅助安全用具，如操作高压隔离开关、高压跌落式熔断器开关，在高压回路上验电等工作

（3）保管

放在安全工具柜内
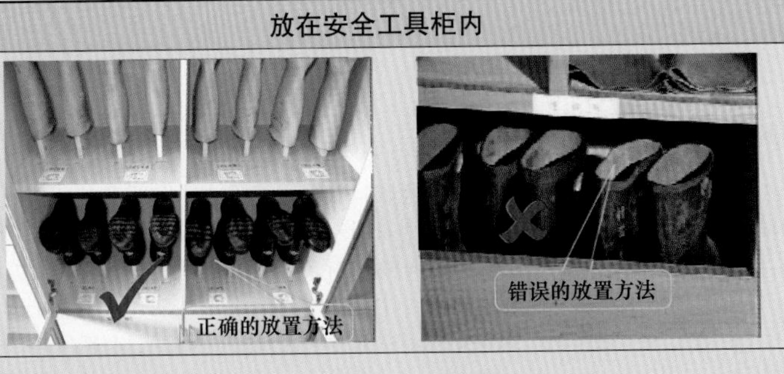
使用后的处理： 1）绝缘靴使用后应进行清洁、擦净、晾干，并应检查外表良好。 2）遭雨淋、受潮时应进行干燥处理后方可使用，但干燥温度不能超过65℃。 **存放及管理要求：** 1）应放在干燥的专用管理室，放置离地面高度和墙壁20cm以上，其上面不得堆压任何物件，绝缘靴（鞋）不得与油、酸碱类或其他腐蚀品接触。 2）绝缘靴被弄脏时应用肥皂和水清洗，彻底干燥后及时存放在绝缘工器具室。 3）绝缘靴入库及分发前应做好检查。 **报废标准：** 绝缘靴的使用年限自出厂后年限满5年，到期应报废

(4) 易犯错误

1) 绝缘靴使用前未检查试验合格证试验日期是否在有效期内。

2) 绝缘靴使用前未检查靴底是否有裂纹，外表有无磨损、破漏等。

3) 把绝缘靴当做防水靴用。

第三节 防护安全工器具的使用

为了保证电力工人在生产中的安全与健康，除在作业中使用基本安全工器具和辅助安全工器具以外，还必须使用必要的防护安全工器具，如安全带、安全帽、防毒用具、护目镜等，这些防护用具是防护现场作业人员高空坠落、物体打击、电弧灼伤、人员中毒、有毒气体中毒等伤害事故的有效措施，是其他安全工器具所不能取代的。

一、携带型接地线

1. 主要用途

当对高压设备进行停电检修或进行其他工作时，为了防止检修设备突然来电或邻近带电高压设备产生的感应电压对工作人员造成伤害，需要装设接地线，停电设备上装设接地线还可以起到放尽剩余电荷的作用。

2. 结构组成

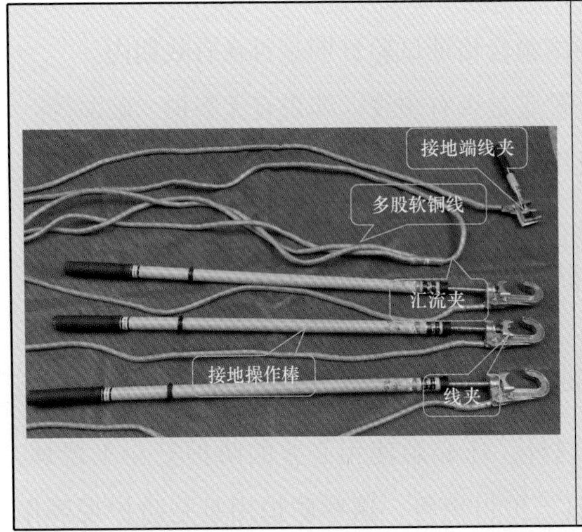

线夹：起到接地线与设备的可靠连接作用。

多股软铜线：应承受工作地点通过的最大短路电流，同时应有一定的机械强度，截面积不得小于25mm²。多股软铜线套的透明塑料外套起保护作用。

接地端线夹：起到接地线与接地网的连接作用，一般是用螺钉紧固或用接地棒，接地棒打入地下深度不得小于0.6m。

汇流夹：汇集短接三相短路电流

3. 使用方法及注意事项

详见第三章第八节“接地”。

二、安全带

1. 主要用途

安全带是高空作业人员预防高空坠落伤亡事故的防护用具，在高空从事安装、检修、施工等作业时，为预防作业人员从高空坠落，必须使用安全带进行保护。

2. 结构型式

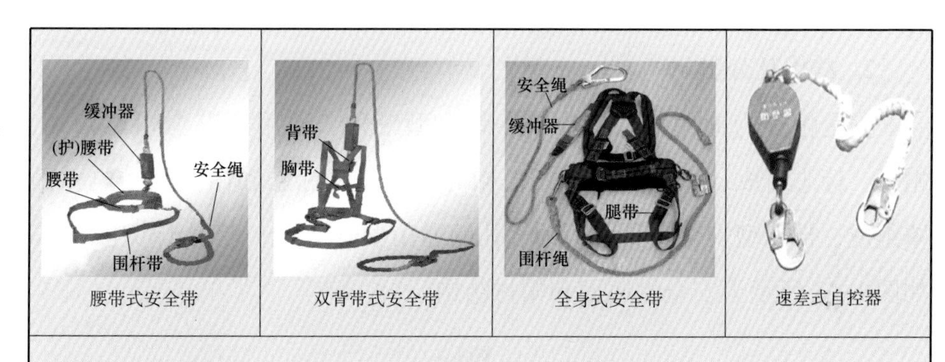

腰带式安全带　双背带式安全带　全身式安全带　速差式自控器

安全绳：安全绳是保护人体不坠落的系绳。

缓冲器：当人体坠落时，能减少人体受力，吸收部分冲击能量的装置。

（护）腰带：安全带中用于保护腰部的带子。护腰带指保护后腰部分的带子。

围杆带（绳）：围在杆上作业时使用的带子（绳子）。

速差式自控器：装有一定长度绳索的盒子，作业时可随意拉出绳索使用。坠落时，因速度的变化，引起自控，称为速差式自控器。

10kV 配电线路杆塔及变电站工作可使用腰带式安全带。

110kV 及以上输电线路杆塔上，应使用双背带式安全带或全身式安全带。

工作高度在 80m 以上的输电线路上必须使用全身式安全带。

当使用 3m 以上安全绳时，应配合缓冲器使用；当在高空作业、活动范围超出安全绳保护范围时，必须配合速差式自控器使用

3. 使用方法及注意事项

详见第三章第五节“系安全带”。

三、安全帽

1. 主要用途

安全帽是用来保护使用者头部，减缓外来物体冲击伤害的个人防护用品。在工作现场佩戴安全帽可以预防或减缓高空坠落物体对人员头部的伤害。在高空作业现场的人员为防止工作时与工具器材及构架相互碰

撞而头部受伤，在地面的人员为防止被杆塔、构架上工作人员失落的工具、材料击伤，都应戴安全帽。

2. 结构及分类

安全帽分为通用型、操作型、带电型三种。通用型安全帽由帽壳、帽衬、标志组成；操作型安全帽由帽壳、帽衬、标志和内藏式防电弧面罩组成；带电型安全帽是取消透气孔的通用型安全帽，专用于带电作业。如图1－3所示为安全帽底面和帽衬结构。

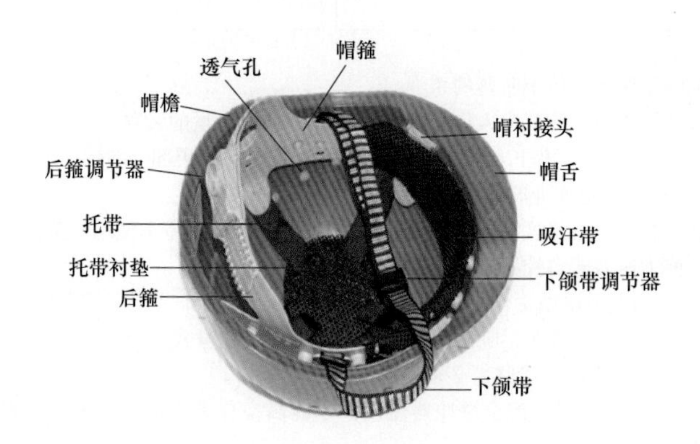

图1－3 安全帽底面和帽衬结构

3. 颜色要求及其适用对象

4. 使用方法及注意事项

详见第三章第三节“戴安全帽”。

四、升降板（踏板）

1. 主要用途

升降板是攀登水泥电杆的主要工具之一。其优点是适应性强，工作方便。不论电杆直径大小有否变化升降板均适用，且使高空作业人员站立方便，减少其工作疲劳。

2. 升降板结构

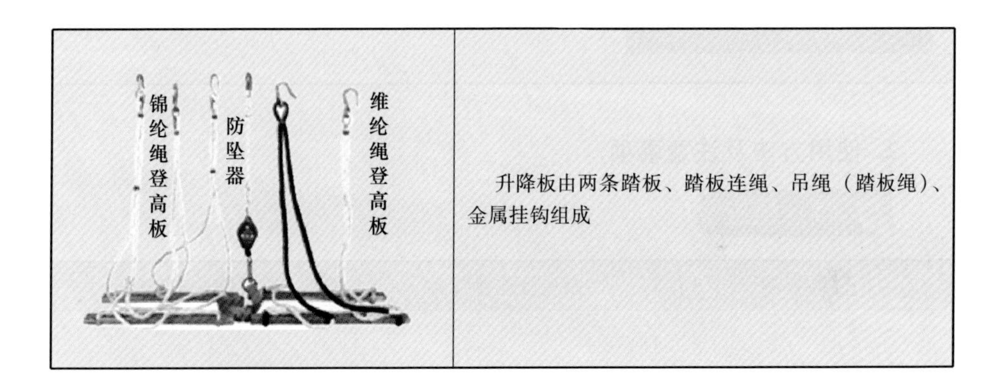

升降板由两条踏板、踏板连绳、吊绳（踏板绳）、金属挂钩组成

3. 使用时注意事项

（1）踏脚板木质无腐蚀、劈裂等。

（2）绳索无断股、松散。

（3）绳索同踏板固定牢固。

（4）金属绑扎线组件无损伤及变形。

（5）定期检查并有记录，未超期使用。

（6）每半年进行一次预防性试验。

五、脚扣

1. 脚扣结构

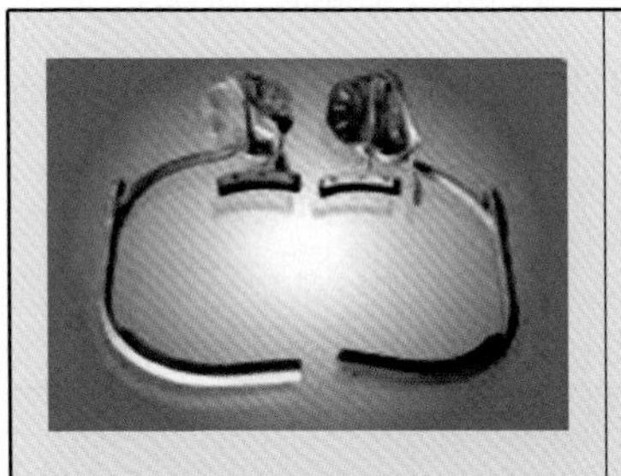	脚扣是攀登水泥电杆的主要工具之一，用脚扣的半圆环和根部装有橡胶套或橡胶垫来防滑。 脚扣可根据电杆的粗细不同，选择脚扣的大小，使用脚扣登杆应经过训练，才能达到保护作用，使用不当也会发生人身伤亡事故

2. 使用方法及注意事项

（1）检查

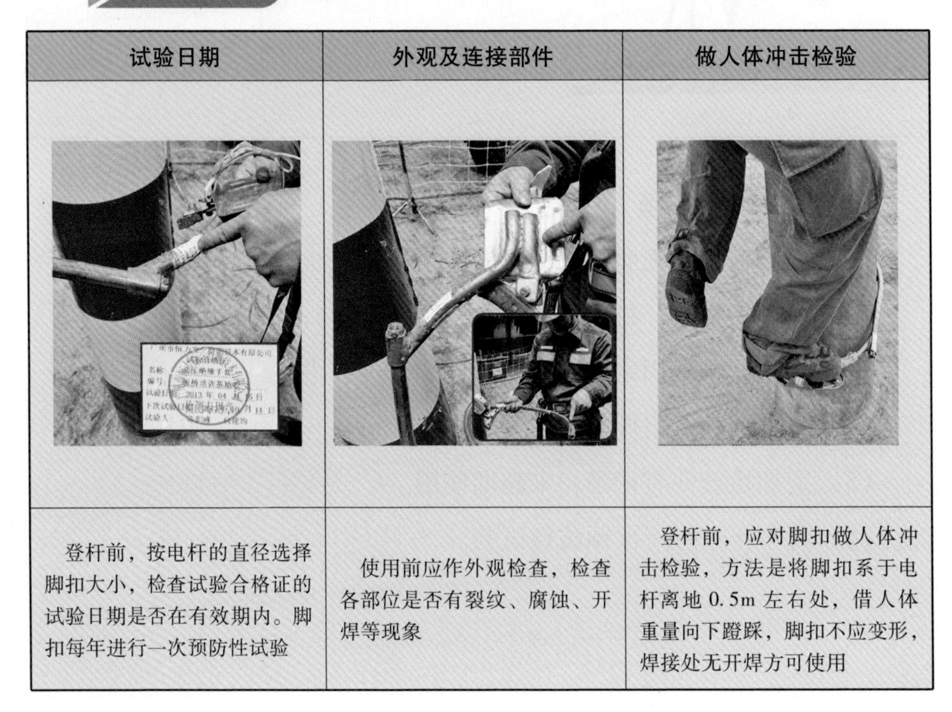

试验日期	外观及连接部件	做人体冲击检验
登杆前，按电杆的直径选择脚扣大小，检查试验合格证的试验日期是否在有效期内。脚扣每年进行一次预防性试验	使用前应作外观检查，检查各部位是否有裂纹、腐蚀、开焊等现象	登杆前，应对脚扣做人体冲击检验，方法是将脚扣系于电杆离地 0.5m 左右处，借人体重量向下蹬踩，脚扣不应变形，焊接处无开焊方可使用

(2) 使用

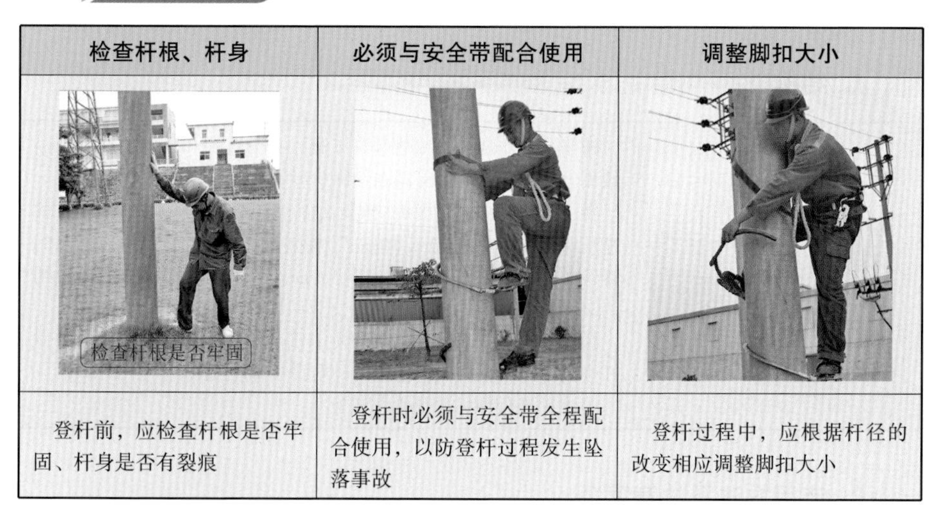

检查杆根、杆身	必须与安全带配合使用	调整脚扣大小
登杆前，应检查杆根是否牢固、杆身是否有裂痕	登杆时必须与安全带全程配合使用，以防登杆过程发生坠落事故	登杆过程中，应根据杆径的改变相应调整脚扣大小

(3) 保管

1）脚扣不准随意从杆上往下摔扔，作业前后应轻拿轻放，并妥善存放在工具柜内。

2）每年进行一次预防性试验。

(4) 易犯错误

登杆时没与安全带配合使用	登杆时脚扣相互交叉	登杆时穿皮鞋

六、梯子

1. 结构

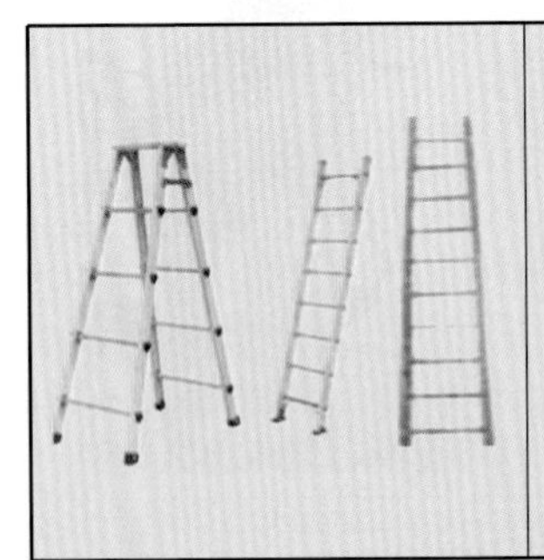

梯子是工作现场常用的登高工具，分为直梯和人字梯两种，一般用竹子、环氧树脂等高强绝缘材料制成。

梯子长度不应超过5m，梯梁截面积不小于30～80mm²。直梯踏板截面积不小于40～50mm²，踏板间距在275～300mm之间，最下一个踏板宽度不小于300mm，与两梯梁底端距离均为275mm。

梯子的上、下端两脚应有胶皮套等防滑、耐用材料，人字梯应在中间绑扎两道防止自动滑开的防滑拉绳。

每半年进行静负荷预防性试验

2. 使用方法及注意事项

正确的站立位置及姿势	合适的倾斜度	有人协助扶梯
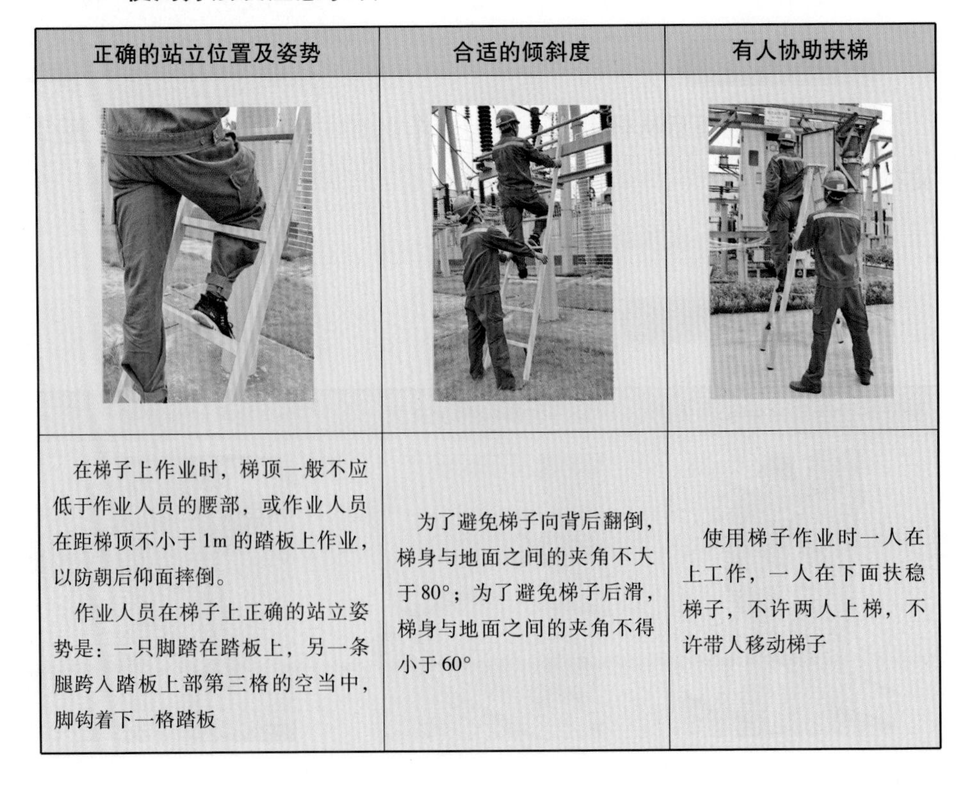		
在梯子上作业时，梯顶一般不应低于作业人员的腰部，或作业人员在距梯顶不小于1m的踏板上作业，以防朝后仰面摔倒。 作业人员在梯子上正确的站立姿势是：一只脚踏在踏板上，另一条腿跨入踏板上部第三格的空当中，脚钩着下一格踏板	为了避免梯子向背后翻倒，梯身与地面之间的夹角不大于80°；为了避免梯子后滑，梯身与地面之间的夹角不得小于60°	使用梯子作业时一人在上工作，一人在下面扶稳梯子，不许两人上梯，不许带人移动梯子

易犯错误

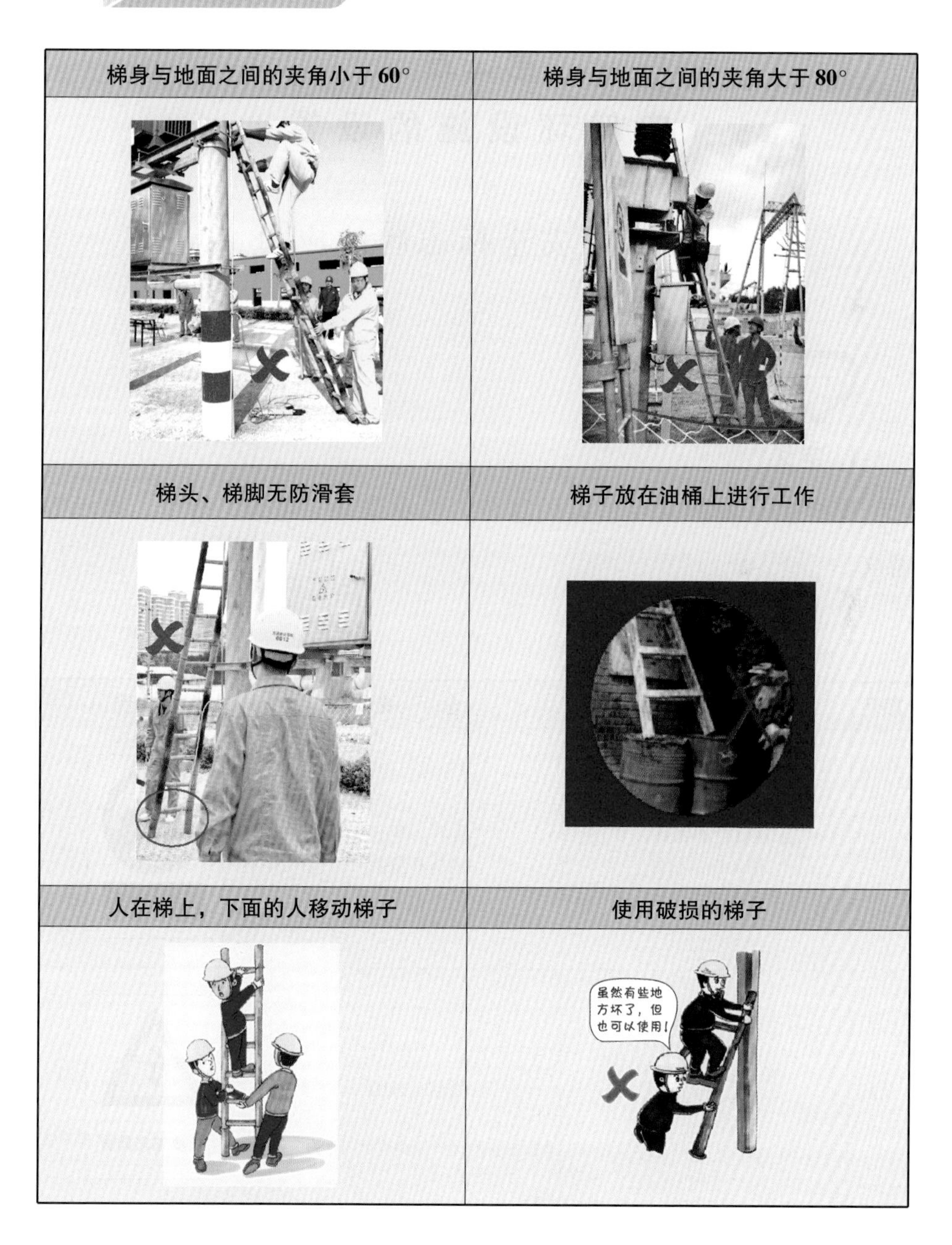
梯身与地面之间的夹角小于60°
梯身与地面之间的夹角大于80°
梯头、梯脚无防滑套
梯子放在油桶上进行工作
人在梯上，下面的人移动梯子
使用破损的梯子
虽然有些地方坏了，但也可以使用！

第二章
安健环设施的设置

第一节 安全标志牌的应用

一、安全色

1. 定义

安全色是表达安全信息的颜色，表示禁止、警告、指令、提示等意义。

2. 特点

颜色	特　　点	含　　义	应用实例
红色	注目性非常高， 视认性也很好	禁止、停止、 消防和危险	禁止合闸 有人工作
黄色	在太阳光直射下 颜色较明显	警告、注意	止步 高压危险

续表

颜色	特　点	含　义	应用实例
蓝色	对人眼能产生比红色还高的明亮度	指令、必须遵守的规定	必须戴安全帽
绿色	能使人联想到大自然的一片翠绿	提示、安全状态通行	紧急出口 EXIT

3. 用途

安全色用途广泛，如用于安全标志牌、交通标志牌、防护栏杆及机器上不准乱动的部位、紧急停止按钮、安全帽、吊车、升降机、行车道中线等。

二、安全标志

安全标志主要设置在容易发生事故或危险性较大的工作场所，主要分为禁止标志、警告标志、指令标志、提示标志和其他标志五大类型。

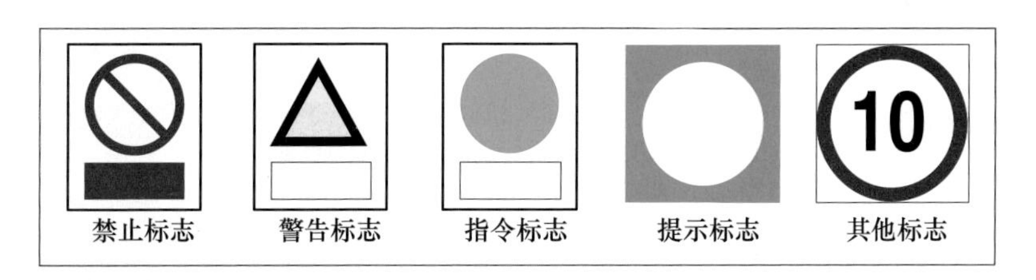

1. 禁止标志牌

禁止标志是禁止人们不安全行为的图形标志。其基本形式是带斜杠的圆边框及相应文字，其中文字采用黑体。

（1）“禁止合闸　有人工作”标志牌。

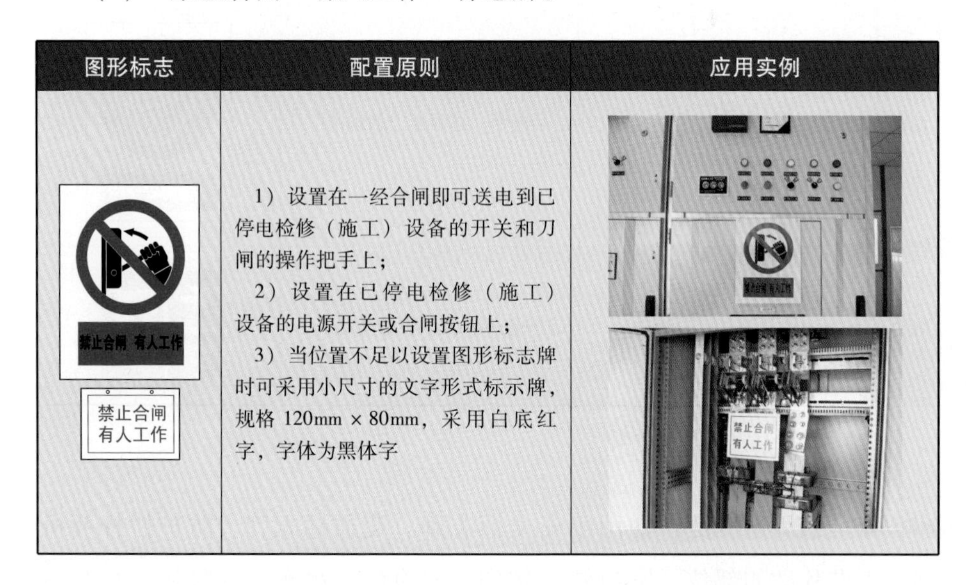

图形标志	配置原则	应用实例
禁止合闸　有人工作 禁止合闸 有人工作	1）设置在一经合闸即可送电到已停电检修（施工）设备的开关和刀闸的操作把手上； 2）设置在已停电检修（施工）设备的电源开关或合闸按钮上； 3）当位置不足以设置图形标志牌时可采用小尺寸的文字形式标示牌，规格 120mm × 80mm，采用白底红字，字体为黑体字	禁止合闸 有人工作

（2）“禁止合闸　线路有人工作”标志牌。

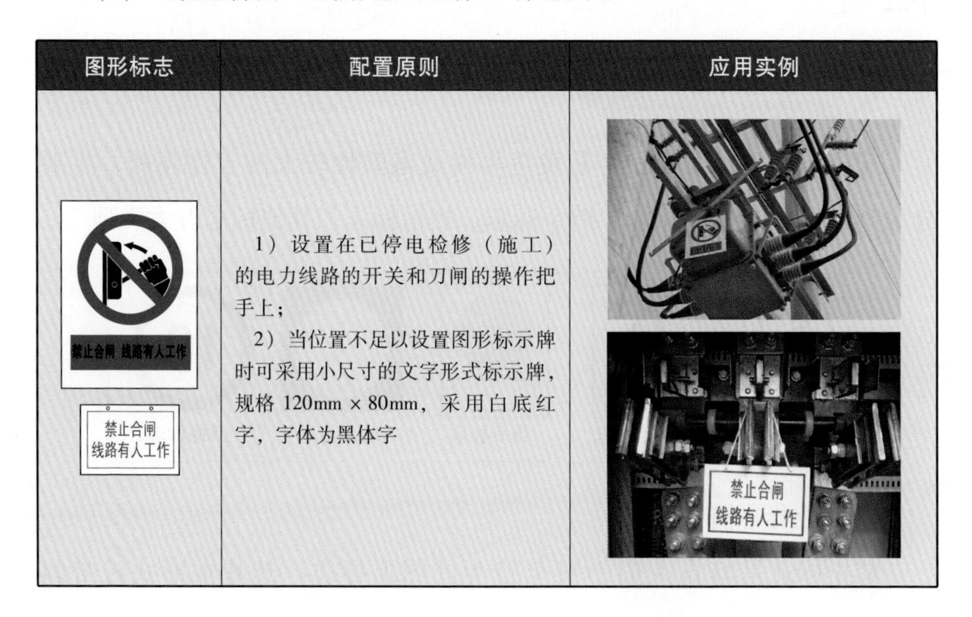

图形标志	配置原则	应用实例
禁止合闸　线路有人工作 禁止合闸 线路有人工作	1）设置在已停电检修（施工）的电力线路的开关和刀闸的操作把手上； 2）当位置不足以设置图形标示牌时可采用小尺寸的文字形式标示牌，规格 120mm × 80mm，采用白底红字，字体为黑体字	禁止合闸 线路有人工作

（3）“禁止攀登　高压危险”标志牌。

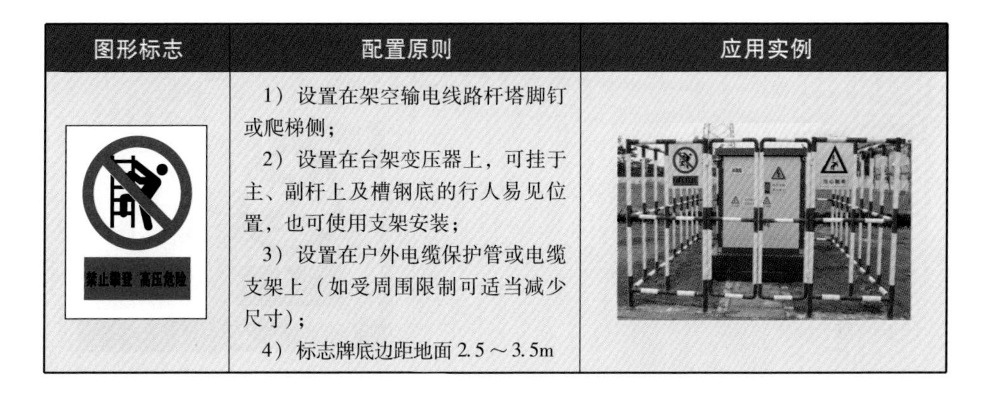

图形标志	配置原则	应用实例
	1）设置在架空输电线路杆塔脚钉或爬梯侧； 2）设置在台架变压器上，可挂于主、副杆上及槽钢底的行人易见位置，也可使用支架安装； 3）设置在户外电缆保护管或电缆支架上（如受周围限制可适当减少尺寸）； 4）标志牌底边距地面 2.5～3.5m	

（4）“门口一带严禁停放车辆、堆放杂物等”标志牌。

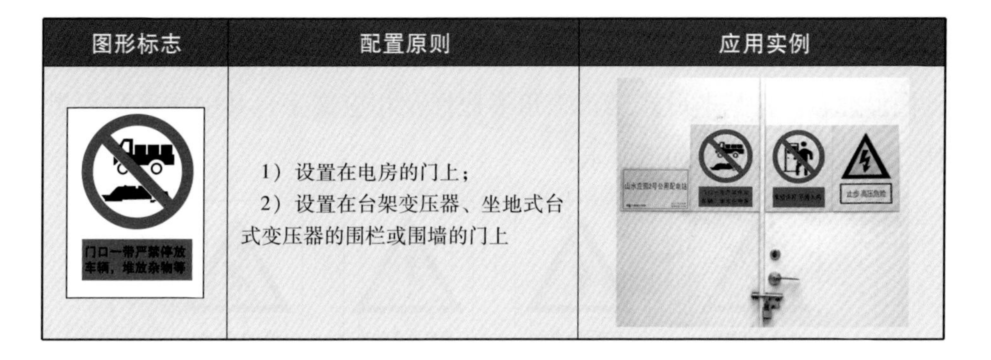

图形标志	配置原则	应用实例
	1）设置在电房的门上； 2）设置在台架变压器、坐地式台式变压器的围栏或围墙的门上	

（5）“禁止烟火”标志牌。

图形标志	配置原则	应用实例
禁止烟火	1）设置在电力土建工程施工作业现场围栏旁； 2）设置在深坑、管道等危险场所，面向行人	禁止烟火　止步 高压危险

（6）“未经许可　不得入内”标志牌。

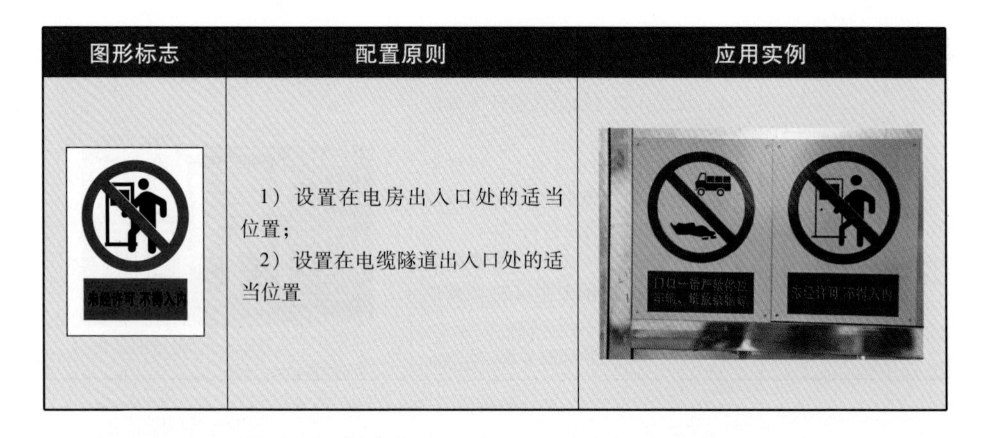

图形标志	配置原则	应用实例
未经许可 不得入内	1）设置在电房出入口处的适当位置； 2）设置在电缆隧道出入口处的适当位置	未经许可 不得入内

2. 警告标志牌

警告标志是提醒人们对周围环境引起注意，以避免可能发生的危险的图形标志。其基本形式是正三角形边框及相应文字，其中文字采用黑体。常见警告标志牌如下所示：

（1）“止步　高压危险!”标志牌。

图形标志	配置原则	应用实例
止步 高压危险	1）设置在电房的正门及箱式变压器、电缆分接箱的外壳四周； 2）设置在台架变压器、坐地式台式变压器的围墙、围栏及门上； 3）设置在户内变压器的围栏或变压器室门上	止步 高压危险

（2）“当心触电”标志牌。

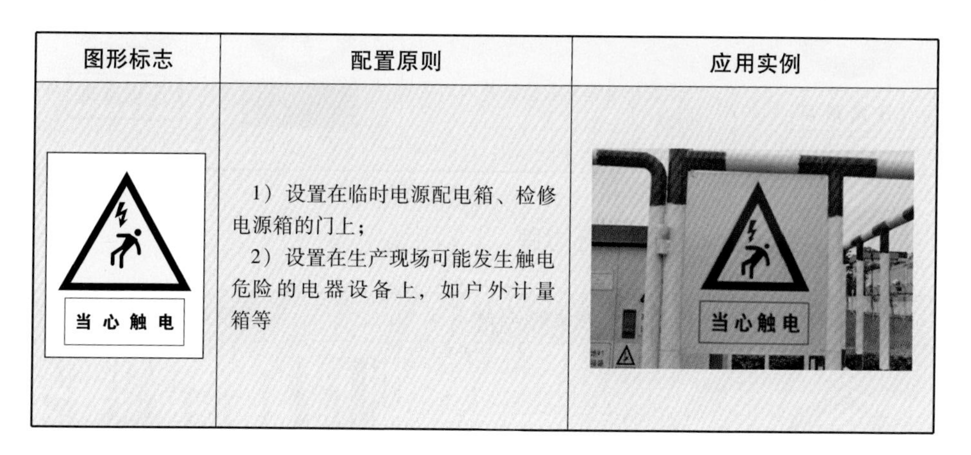

图形标志	配置原则	应用实例
当 心 触 电	1）设置在临时电源配电箱、检修电源箱的门上； 2）设置在生产现场可能发生触电危险的电器设备上，如户外计量箱等	当心触电

3. 指令标志牌

指令标志是强制人们必须做出某种动作或采用防范措施的图形标志。其基本形式是圆形及相应文字，其中文字采用黑体。

（1）“注意通风”标志牌。

图形标志	配置原则	应用实例
注 意 通 风	1）设置在户内 SF_6 设备室的合适位置（入门易见）； 2）设置在密封工作场所的合适位置； 3）设置在电缆井及检修井入口处适当位置	注 意 通 风

（2）“必须戴安全帽”标志牌。

图形标志	配置原则	应用实例
必须戴安全帽	设置在生产场所、施工现场等的主要通道入口处	必须戴安全帽

（3）“必须系安全带”标志牌。

图形标志	配置原则	应用实例
必须系安全带	1）设置在高差1.5～2m周围没有设置防护围栏的作业地点； 2）设置在高空作业场所	在此进入 必须系安全带 当心坠落

4. 提示标志牌

提示标志是向人们提供某种信息（如标明安全设施或场所旁）的图形标志。其基本形式是正方形边框及相应文字，其中文字采用黑体。

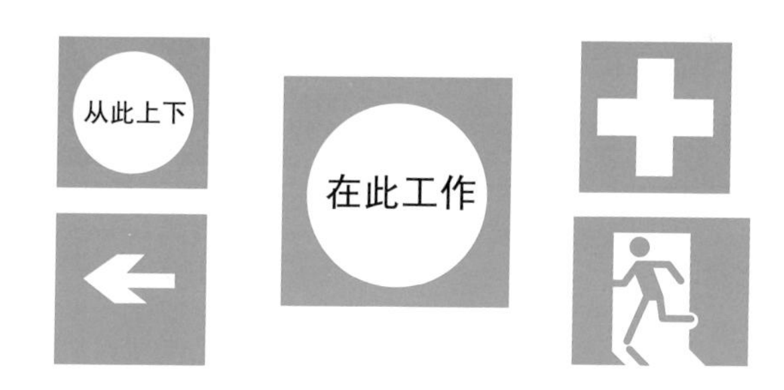

（1）“在此工作”标志牌。

图形标志	配置原则	应用实例
在此工作	设置在工作地点或检修设备上	

（2）“从此上下”标志牌。

图形标志	配置原则	应用实例
从此上下	设置在现场工作人员可以上下的棚架、爬梯上	

（3）“紧急出口”标志牌。

图形标志	配置原则	应用实例
	设置在便于安全疏散的紧急出口，与方向箭头结合设在通向紧急出口的通道、楼梯口等处	

5. 其他标志

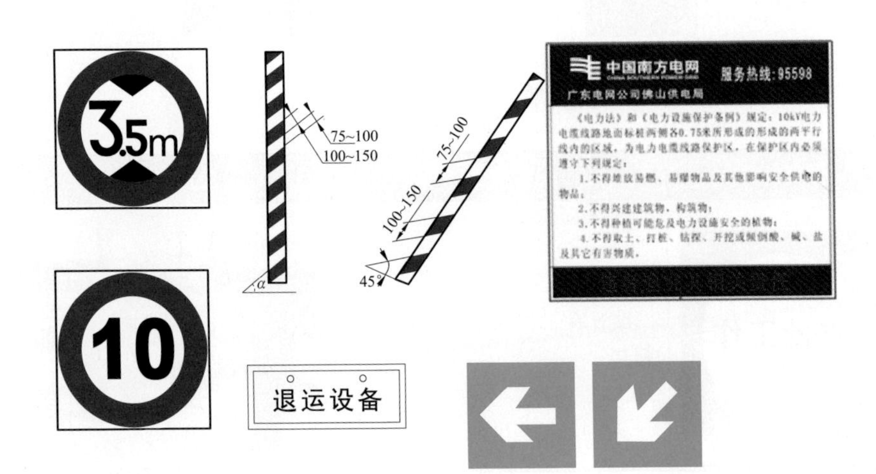

（1）架空杆塔警告标志牌。

图形标志	配置原则	应用实例
75~100 100~150 α	在公路边或在其他容易受外力破坏的杆塔（包括 0.4kV 电杆）上应用反光油漆刷涂成红白相间标志或用红白相间的反光铝膜粘贴作为危险警告标志，刷涂或粘贴的范围从杆塔脚向上 1.5m 范围内	

（2）拉线警告标志牌。

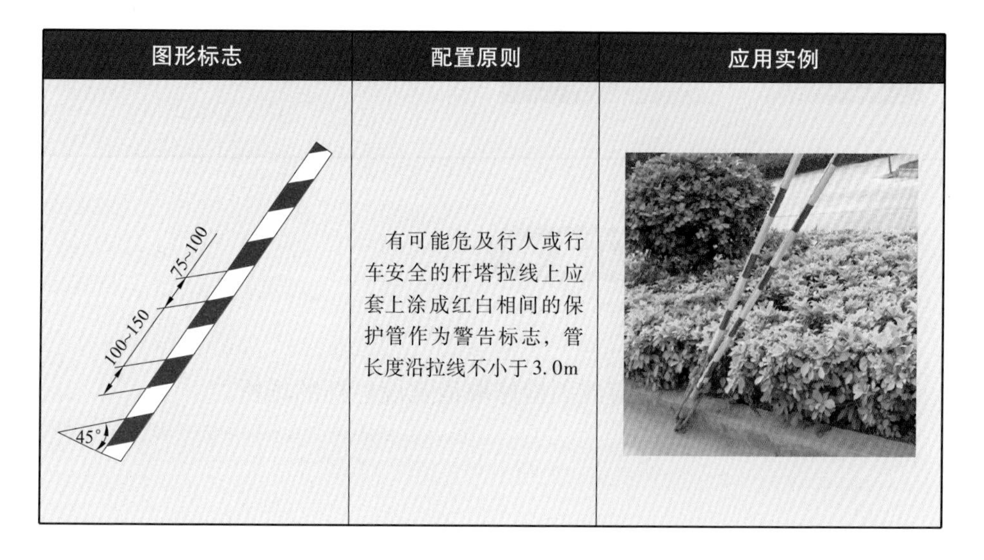

图形标志	配置原则	应用实例
75~100 100~150 45°	有可能危及行人或行车安全的杆塔拉线上应套上涂成红白相间的保护管作为警告标志，管长度沿拉线不小于 3.0m	

第二节 安 全 围 栏

一、临时安全拉栏

1. 适用范围

用于在继保室、控制室、高压室等户内工作时，临时隔离邻近的运行中的设备，以保证施工人员的安全。

2. 设置标准

	1）对于户内的工作，设置在装置柜（屏）前后，隔离出检修区域和工作通道；对于高压设备室，设置在施工地点四周，隔离出施工区域和工作通道； 2）拉带必须扣紧下一个立柱，两个立柱间距不应超过5m，拉带上“止步 高压危险”字样必须面向工作人员； 3）拉栏的设置应尽可能做到直角直边，不得将拉带缠绕在设备上

二、圆锥临时防护遮栏

1. 适用范围

用于施工现场安全通道或因检修取消常设栏杆的场所。

2. 设置标准

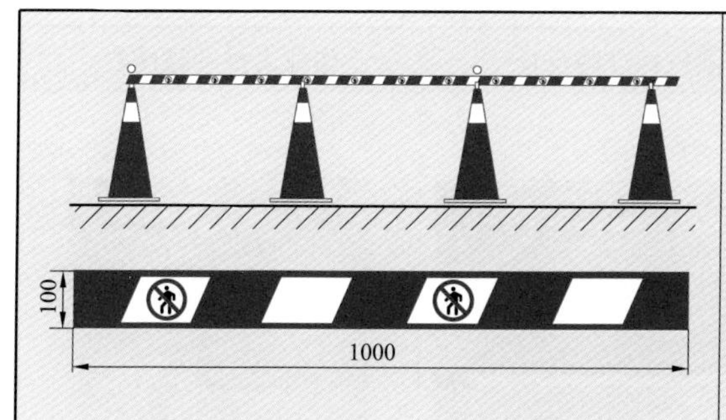	1）图中白色部分应为反光材料，红色部分为塑料； 2）警示带设置于圆锥桶的顶部。两个相邻的圆锥桶间距不大于2m。夜间使用时，在圆锥桶的顶部设置警示灯，每隔4m及在转角位布置

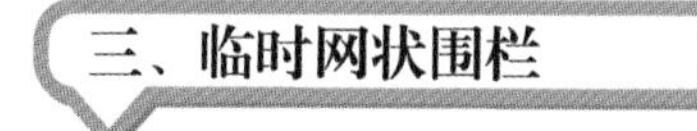

1. 适用范围

用于户外及户内敞开式高压场所的工作，临时隔离邻近的运行中的设备，以保证施工人员的安全。

2. 设置标准

	1）围栏的装设必须使用立杆，禁止将围栏挂靠在设备上； 2）围栏立杆间距一般为3m，顶部距地面1.2m，一个立杆间距内必须有1～2个“止步高压危险”标志牌； 3）装设围栏时，上下边缘必须拉紧、固定，围栏形状应尽量做到直边、直角； 4）围栏之间的驳口连接必须严密，不留缺口

3. 易犯错误

围栏使用不当	围栏标志牌反挂	作业人员跨越围栏

四、户外箱式变压器、电缆分接箱固定围栏

1. 适用范围

箱式变压器、电缆分接箱安装在人口稠密、交通繁忙、设备易受外力破坏的区域时，四周应装设防撞的固定围栏。

2. 设置标准

1）固定围栏装设高度不应小于1.8m。围栏距箱式变压器、电缆分接箱外廓距离按实际情况设置，场地允许时可按前为1.5m、后为1.0m、两侧为0.8m距离设置；

2）围栏在箱式变压器、电缆分支箱前、两侧均应设门，门应向外开

五、施工固定护栏的应用标准

1. 适用范围

适用于在已投运设备场区内进行的扩建、技改工程，将施工作业现场及工作通道与运行设备区域明显隔离，保证与运行设备保持足够安全距离。

2. 设置标准

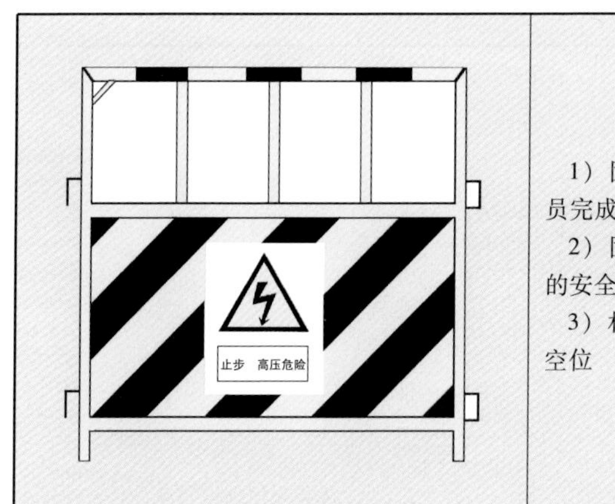

1）固定护栏的设置由运行人员指导，施工人员完成；

2）固定护栏必须与邻近运行中设备保持足够的安全距离；

3）相邻的固定护栏必须紧密锁扣，不得留有空位

六、防小动物挡板

1. 适用范围

为防止小动物短路故障引发的电气事故，在各户内电房、电缆室等出入口处，应装设防小动物挡板。

2. 设置标准

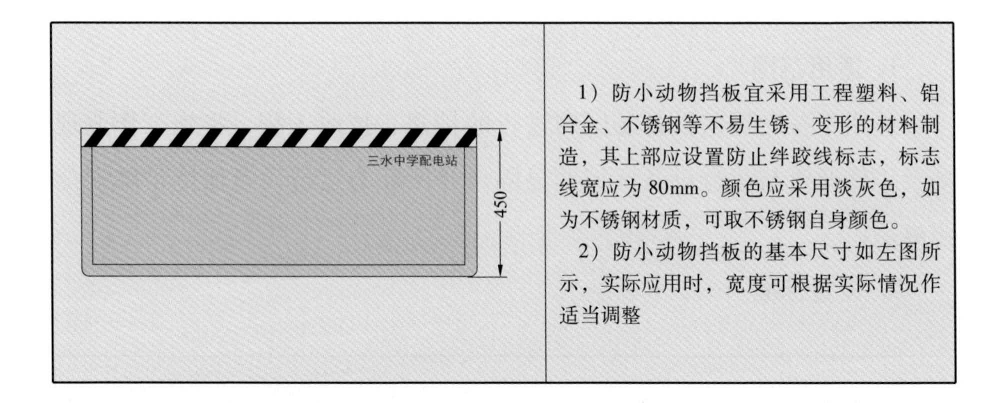

1）防小动物挡板宜采用工程塑料、铝合金、不锈钢等不易生锈、变形的材料制造，其上部应设置防止绊跤线标志，标志线宽应为80mm。颜色应采用淡灰色，如为不锈钢材质，可取不锈钢自身颜色。

2）防小动物挡板的基本尺寸如左图所示，实际应用时，宽度可根据实际情况作适当调整

第三章
《电业安全工作规程》“十个规定动作”

“十个规定动作”是从《电业安全工作规程》中提炼出的“精髓”，是防止人身事故、保证电力安全生产的有效手段之一。其内容包括：“两票”（凭票工作、凭票操作）、“三宝”（戴安全帽、穿工作服、系安全带）、“四措”（停电、验电、接地、挂牌装遮栏）、“一交底”（现场交底）共十项内容。其中每一个“动作”都联系紧密、相互关联，共同筑起了保证安全的屏障。“两票”是保证安全的组织措施，“四措”是保证安全的技术措施，“两票”是“四措”的书面依据。“三宝”是保证安全的个人防护品，“一交底”是作业前对“两票”、“四措”和“三宝”的回顾和交代，通过交底使参与作业的人员对怎样保证安全做到心中有数。本章主要依据 GB 26859—2011《电业安全工作规程》（电力线路部分）说明“十个规定动作”的具体内容。

续表

戴安全帽	穿工作服
系安全带	停电
验电	接地

续表

挂牌装遮栏	现场交底

第一节 凭 票 工 作

一、概述

电气工作票是指在已经投入运行的电气设备上及电气场所工作时，明确工作人员、交代工作任务和工作内容，实施安全技术措施，履行工作许可、工作监护、工作间断、转移和终结的书面依据。

凭票工作是保证安全的组织措施之一，运用组织机构和人员设置，通过多人在不同工作环节履行各自安全职责，层层把关来保证工作安全。

凭票工作的票分为两种，分别是第一种工作票和第二种工作票。

二、凭票工作的工作要点

☆ 要点 1：该凭票工作的必须凭票工作

（1）凭票工作就是要"严管口头和电话命令"。

（2）在配电线路、设备及电气场所工作时，必须使用工作票，或采用口头、电话命令执行。

（3）必须办理工作票的工作：除了工作票管理规定中可以采用口头命令的工作外，在配电线路、设备及电气场所工作必须办理工作票，严禁无票工作。

（4）可采用口头命令的工作：事故抢修、紧急缺陷处理（设备在8h内无法恢复的，则应办理工作票）；测量接地电阻、涂写杆塔号、悬挂警告牌，修剪树枝节、检查杆根地锚、打绑桩、杆塔基础上的工作，巡视可以采用口头或电话命令方式执行，但在工作前必须履行许可手续。

☆ 要点2：按规定做好15个环节

工作票是保证安全的组织措施，必须做好工作票管理流程的各个环节，才能使工作票真正发挥保证安全的作用，其中关键是“严管工作票的正确性，严管安全措施正确、完整执行”。

环节	管理流程	说　明	图　示
1	选定工作负责人	班组或主管部门依据工作计划或命令，根据具体工作情况确定熟识设备及了解现场情况的人员担任该项工作负责人	
2	对工作负责人交底	确定工作负责人后，应对工作负责人进行安全技术措施交底，明确工作任务、工作地点和工作要求的安全措施，必要时应实地观察。工作负责人根据工作任务的要求，确定工作班人员。 外单位进入电网作业前，运行部门应对施工单位进行有关的安全技术措施交底，填写“安全技术交底单”，完成书面签名手续，并作为附件与工作票一起使用	

续表

环节	管理流程	说　　明	图　　示
3	选用工作票	工作负责人根据工作任务、工作地点和工作要求的安全措施等情况选用办理工作票。影响一次设备运行方式的工作，即不管一次设备原来在什么应用状态，凡是造成一次设备不能投入运行的工作必须填用第一种工作票。不影响一次设备运行方式的工作，即不管一次设备原来在什么应用状态，凡是不造成一次设备不能投入运行的工作必须填用第二种工作票	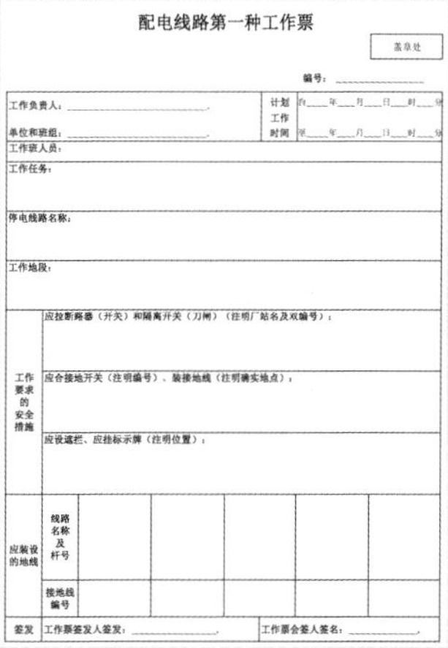 配电线路第一种工作票 盖章处 编号：______ 工作负责人：______ 计划工作时间 自__年__月__日__时__分 单位和班组：______ 至__年__月__日__时__分 工作班人员： 工作任务： 停电线路名称： 工作地段： 工作要求的安全措施：应拉断路器（开关）和隔离开关（刀闸）（注明厂站名及双编号）： 应合接地开关（注明编号）、装接地线（注明确实地点）： 应设遮拦、应挂标示牌（注明位置）： 应装设的地线：线路名称及杆号；接地线编号 签发：工作票签发人签发：______ 工作票会签人签名：______
4	填写工作票	工作票由工作负责人填写，提出正确、完备的安全措施。填写工作票应对照接线图或模拟图板，与现场设备的名称和编号相符合，并使用双重编号	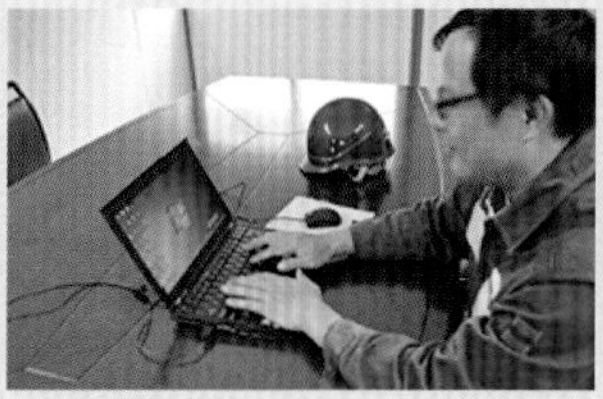
5	签发人审核	工作票签发人应认真审核工作票，审核工作必要性、所填安全措施是否正确完备、工作班人员是否适当和足够，满足要求后方可签发工作票。 外单位人员担任工作负责人在配电运行单位负责运行管理的设备上工作需办理工作票时，或用户设备停电检修需配电运行单位配合做停电、接地等安全措施的，应使用运行单位的工作票，工作票实行双签发	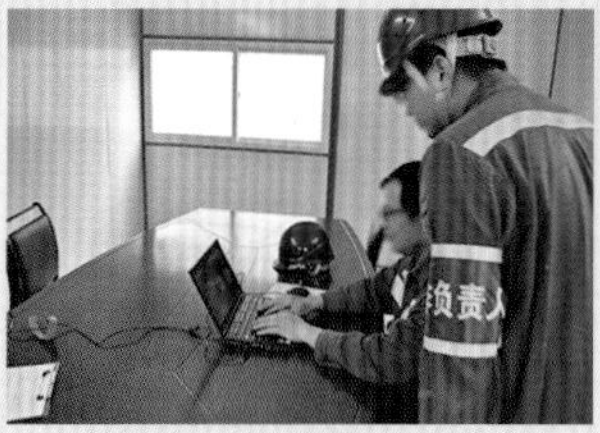
6	送票	工作票签发后，属计划工作的第一种工作票和需要退出重合闸的第二种工作票提前一天送交许可部门；属临时工作的，可在工作前送至许可部门	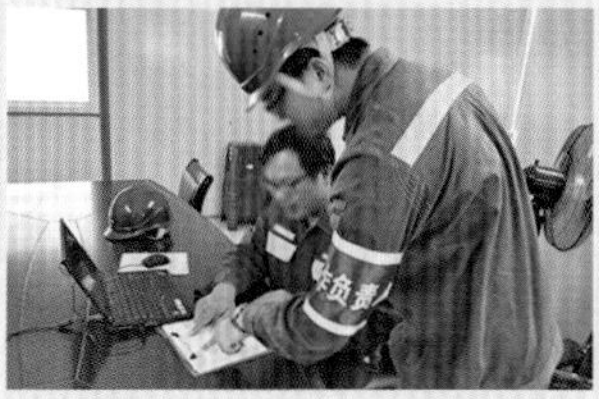

续表

环节	管理流程	说明	图示
7	许可人许可	工作许可人对工作必要性及工作票所列安全措施进行认真审核，组织完成许可范围内安全措施后，对工作负责人进行安全技术交底，交代工作地点应注意的带电部位、运行设备及其他注意事项，办理许可手续。一个工作负责人在同一工作时间内只能发给一张工作票	
8	现场交底	工作负责人收到许可工作的命令后，在工作开始前，必须对工作班成员进行现场交底，交底内容包括工作任务、安全措施和安全注意事项，并明确分工	
9	布置工作地点安全措施	工作负责人组织工作班成员完成工作票上所列的由班组负责布置的全部安全措施后，方可下达开始工作的命令。工作班成员在接到开始工作的命令后，方可按照分工开始工作	
10	工作监护	工作期间工作负责人（监护人）必须始终在工作现场，对工作班人员的安全认真监护，及时纠正不安全的行为。分组工作时，每个小组应指定小组负责人（监护人）。 对有触电危险、施工复杂容易发生事故的工作，应增设专人监护。专责监护人不得兼任其他工作	

续表

环节	管理流程	说　　明	图　　示
11	工作负责人更换	工作期间，如工作负责人因故必须要离开工作现场时，应临时指定有资质的工作负责人，离开前应将工作现场交代清楚，并设法通知全体工作人员及工作许可人	
12	工作间断	工作间断时，工作地点的全部接地线仍保留不动。如果工作班须暂时离开工作地点，则必须采取安全措施和派人看守，恢复工作前，应检查接地线等各项安全措施的完整性	
13	工作延期	工作负责人对工作票所列工作任务确认不能按批准期限完成的，第一种工作票应在工作批准期限前两小时，由工作负责人向工作许可人申请办理延期手续。一份工作票，只能办理一次延期手续。如需再次办理，须将原工作票结束，重新办理工作票	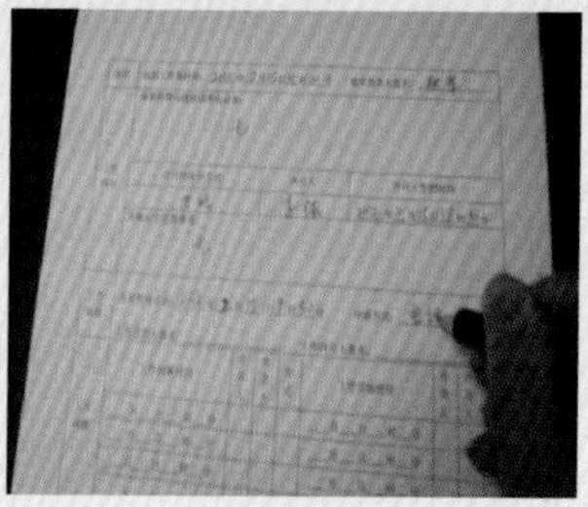
14	完工检查	完工后，工作负责人（包括小组负责人）必须进行认真、全面的现场检查，确认工作任务已经全部按要求完成，杆塔、设备上已没有任何遗留物，工作人员已全部撤离工作现场，再命令拆除工作班组所设置的临时安全措施。接地线拆除后，应即认为线路带电，不准任何人再登杆进行任何工作	

续表

环节	管理流程	说　　明	图　　示
15	许可送电	工作许可人在接到所有工作负责人（包括用户）的完工报告后，并确知工作已经完毕，所有工作人员已撤离，临时接地线已经拆除，并与记录簿核对无误后方可下令拆除许可范围内的安全措施，向线路恢复送电	

☆ 要点3：杜绝习惯性违章

（1）应办理工作票而未办理工作票作业。

（2）虽办理工作票但工作票不合格。如：错用工作票；工作任务、停电线路名称、工作地段填写不明确、错漏；安全措施错误；应“双签发”的没有“双签发”；未按要求办理工作间断手续；未按要求办理工作延期手续；应填用分组工作派工单而没有填用等。

（3）工作人员在办理许可手续前进入工作区域，或未得到工作负责人开始工作的命令即开始工作。

（4）超出工作票规定的工作范围工作。

（5）一个工作负责人同一工作时段持有两张或以上的工作票。

（6）工作票“三种人”资质不符合要求。

三、案例分析

无票或凭错票工作，容易发生因工作任务不清晰、工作地段不明确、安全措施错漏造成的人身、电网及设备事故。

1. 事故经过

2008年×月×日，××供电局运行维护班对10kV××线3～15号杆进行停电检修作业，并在此工作范围办理了工作票，布置了安全措施。停电检修作业过程中工作班成员王×发现10kV××线18号杆10kV隔离开关C相锈蚀严重，向工作负责人张×汇报，张×简单认为线路已经停电，更换10kV隔离开关工作任务简单，在没有重新办理工作票，也没有加挂接地线的情况下，安排刘×、王×登杆进行更换，在作业过程中由于T接25号杆的××用户发电机反送电，当场导致在杆上作业的刘×触电身亡。

2. 原因分析

停电检修作业过程中，擅自扩大工作范围，未重新办理工作票，属于无票工作，无票工作导致漏做保证安全的技术措施，因此低压反送电引发人身触电事故。

3. 预控措施

停电检修作业过程中，严禁超出工作票规定的工作范围工作，超出工作票规定范围的工作应重新办理工作票。

第二节 凭票操作

一、概述

操作票是保证电气操作按照规定次序依次正确实施的书面依据，是防止发生误操作事故的重要手段。

凭票操作是保证安全的组织措施之一，运用组织机构和人员设置，通过多人在不同工作环节履行各自安全职责，层层把关来保证操作安全。

凭票操作的票包括调度指令票和配电操作票。

二、凭票操作的工作要点

☆ 要点1：该凭票操作的必须凭票操作

（1）应填写操作票的操作：除了电气操作导则规定可以不用填写操作票的操作外，所有电气设备停送电必须凭票操作。

（2）可以不填写操作票的操作：事故处理；拉开、合上断路器的单一操作；投上或取下熔断器的单一操作；拉开电房唯一已合上的一组接地刀闸或拆除仅有的一组接地线。

☆ 要点2：按规定做好7个环节

操作票是保证安全的组织措施，必须做好操作票管理流程的各个环节，才能使操作票真正发挥保证安全的作用，其中关键是“严管操作票的正确性，严管操作顺序的正确执行”。

环节	管理流程	说　明	图　示
1	填写操作票	操作人根据操作任务和运行方式，对照接线图、现场设备填写操作票，一份操作票只能填写一个操作任务，操作项目不得并项填写，一个操作项目栏内只应该有一个动词	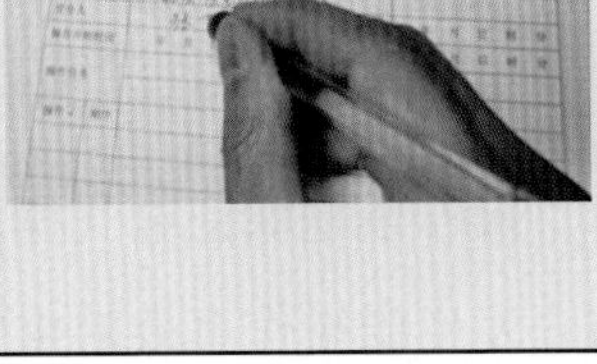

续表

环节	管理流程	说　明	图　示
2	“三审”操作票	操作票应严格执行“三审”制度，填票人（操作人）自审、审核人（监护人）初审、值班负责人复审	
3	模拟操作	倒闸操作前操作人、监护人对照模拟图审查操作票并预演	
4	发受令唱票复诵	配网设备电气操作应根据发令人的指令进行。操作时必须执行唱票复诵制度。操作人在监护下核对设备名称、编号、标识无误，并得到监护人确认后再进行操作	
5	逐项操作	执行操作票应逐项进行，逐项打“√”，严禁跳项、漏项、倒项操作，每项操作完毕后，应检查操作质量。对于第一项、最后一项应记录实际的操作时间	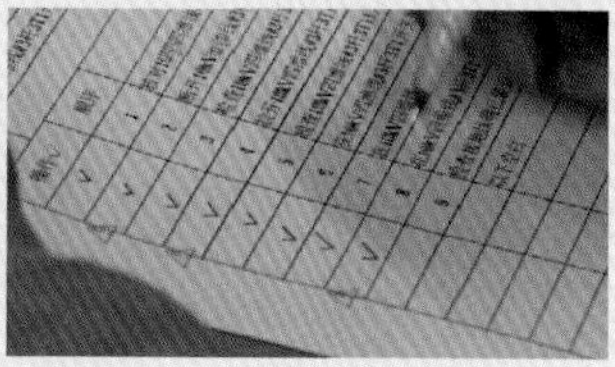
6	有疑问不操作	操作中发生疑问时，应立即停止操作并向配网运行值班负责人报告，弄清问题后再进行操作，严禁擅自更改操作票	

续表

环节	管理流程	说　　明	图　　示
7	完成汇报	操作票的操作项目全部结束后，监护人应立即在操作票上填写结束时间，并向发令人汇报操作结果	

☆ 要点3：杜绝习惯性违章

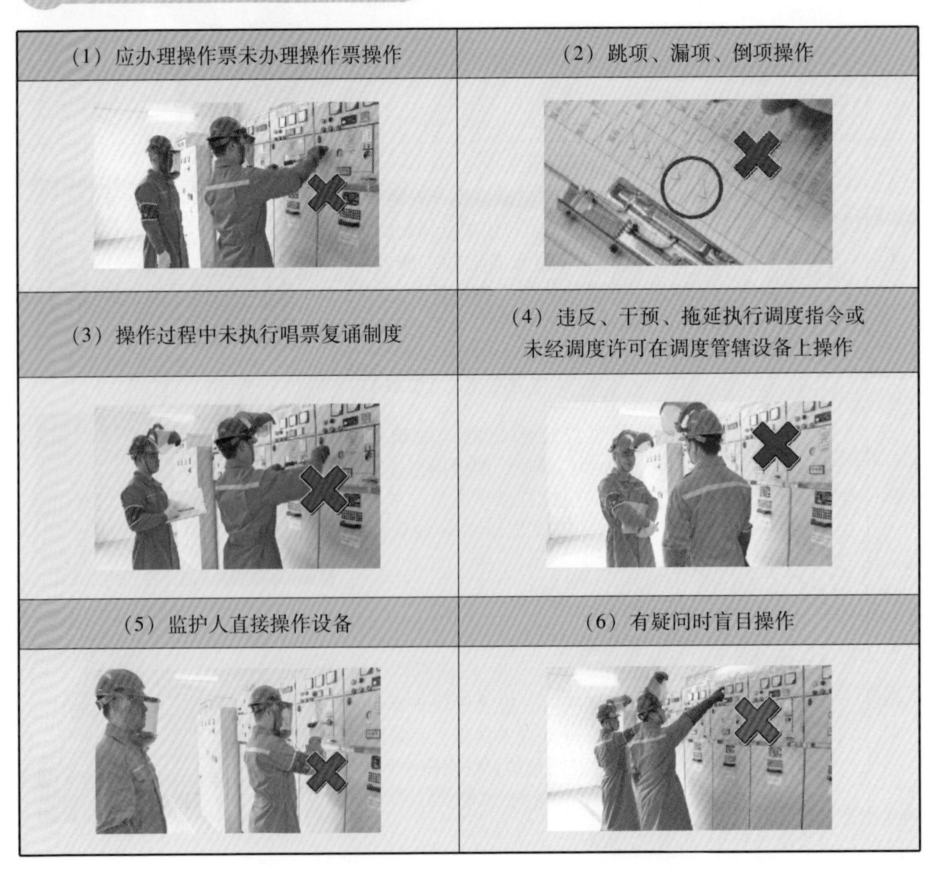

（1）应办理操作票未办理操作票操作	（2）跳项、漏项、倒项操作
（3）操作过程中未执行唱票复诵制度	（4）违反、干预、拖延执行调度指令或未经调度许可在调度管辖设备上操作
（5）监护人直接操作设备	（6）有疑问时盲目操作

续表

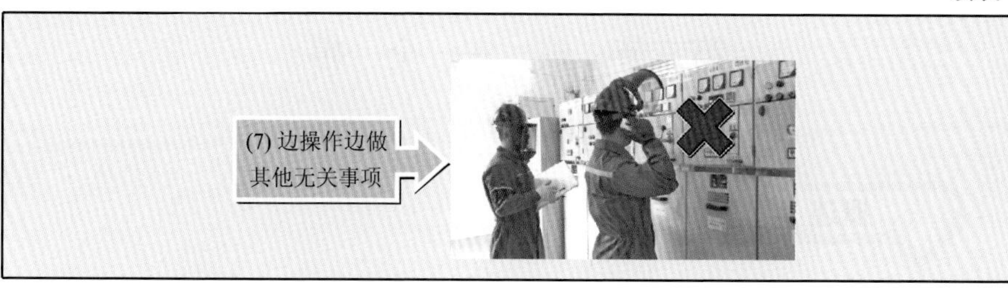

三、案例分析

无票或凭错票操作可能会出现操作顺序错误、漏操作、误操作，并导致人身伤亡和设备损坏事故。

1. 事故经过

2006年×月×日，××供电所运行人员梁×（操作人）、程×（监护人）在进行某配电站4032低压开关由运行转检修的倒闸操作。未凭操作票操作，开关未断开先拉开低压刀闸，发生带负荷拉刀闸的恶性误操作事故，导致860个用户停电，梁×手臂被电弧灼伤。

2. 原因分析

倒闸操作未办理操作票，操作顺序错误，导致发生恶性误操作事故。

3. 预控措施

（1）倒闸操作应办理操作票，凭票操作。

（2）严格凭票操作，一人监护一人操作。操作票应严格执行“三审”制度，倒闸操作前对照操作任务和运行方式填写操作票，对照模拟图审查操作票并预演，对照设备名称和编号无误后再操作。执行操作票应逐项进行，逐项打“√”，严禁跳项、漏项、倒项操作。

第三节 戴 安 全 帽

（1）安全帽是用来保护使用者头部，使头部免受或减轻外力冲击伤害的帽子，属于个人防护用品。

（2）安全帽由帽壳、帽衬、顶衬、下颌带和帽箍组成。

☆ **要点1：进入现场必须戴安全帽**

☆ 要点2：使用前检查、使用时正确佩戴、使用后妥善保管

（1）使用前检查

合格证、生产日期	外观及连接部件	按压衬垫
检查合格证。 检查生产日期：帽檐生产日期的永久性标志可清晰辨认（从产品制造完成之日计算，塑料安全帽正常使用寿命为两年半）	帽壳：无裂纹、无变形。 帽衬：帽衬组件完好、齐全，接头带自锁防松脱功能。 下颌带：调节器是否损坏，能否调节到恰当位置	手握拳头压顶衬，顶衬应与内顶内面垂直，检查帽衬接头有无松动，是否完好、牢固。顶衬与内顶内面之间保持20～50mm的空间

（2）使用时正确佩戴

双手持帽檐，将安全帽从前至后扣于头顶

调整好后箍，系好下颌带

低头不下滑

昂头不松动

将长头发束好，放入安全帽内

(3) 使用后妥善保管

存放及管理要求：

使用者自己保存或集中保存。生产班组应按编号或姓名定点放置在工具柜里或悬挂，不应储存在酸、碱、高温、日晒、潮湿等处所，更不可和硬物放在一起。

报废标准：

不合格的安全帽应及时清理报废，禁止流失、转让、赠与他人

要点3：杜绝习惯性违章

续表

(5) 乱丢乱放	(6) 用安全帽盛装物品
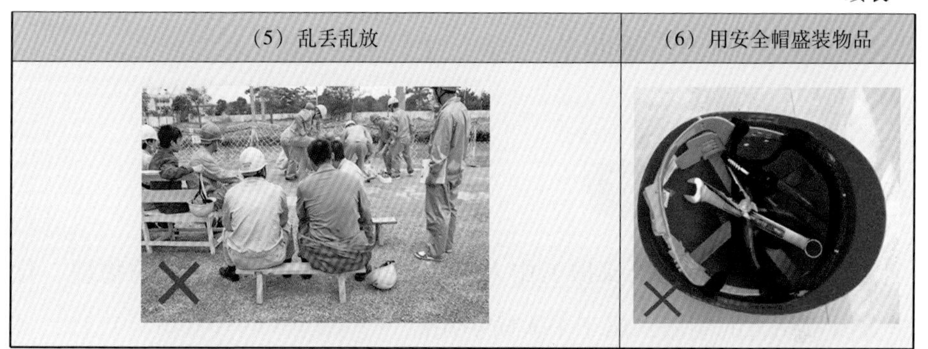	

三、案例分析

不佩戴或不正确佩戴安全帽进入生产、施工场所，头部失去应有保护，遭受外力外物打击时，易引发人身伤亡事故。

1. 事故经过

2007 年×月×日，××供电局线路班成员陈×、李×、黄×三人在某 10kV 线路上施工作业，由于天气较热，李×把安全帽摘下，陈×在用绳索往杆上传递绝缘子时，不慎将黄×放在横担上的 10 寸扳手碰落，正好落在李×头上，砸成重伤。

2. 原因分析

李×违反"任何人进入生产、施工现场必须正确佩戴安全帽"的规定，在作业范围内摘下安全帽，使头部失去安全保护，导致高空坠物致伤。

3. 预控措施

任何人进入生产、施工现场必须正确佩戴安全帽。

第四节　穿　工　作　服

一、概述

（1）工作服是可以保护工作人员免受或减缓劳动环境中的物理、化学等因素伤害的制服，属于个人防护用品。

（2）电力行业使用的工作服应采用纯棉面料制成，纯棉工作服在遇到高温时通过炭化来形成防护，不会熔融和融滴。

（3）工作服禁止使用尼龙、化纤或绵、化纤混纺的衣料制作，以防工作服遇火燃烧加重烧伤程度。

二、穿工作服的要点

☆ 要点1：进入现场必须穿工作服

任何人员进入生产、施工现场工作必须穿成套纯棉长袖工作服

☆ 要点2：穿着时整齐，穿着后妥善保管

（1）穿着时整齐

穿戴整齐、灵便	衣服和袖口必须扣好，袖口和裤脚不能卷起

（2）穿着后妥善保管

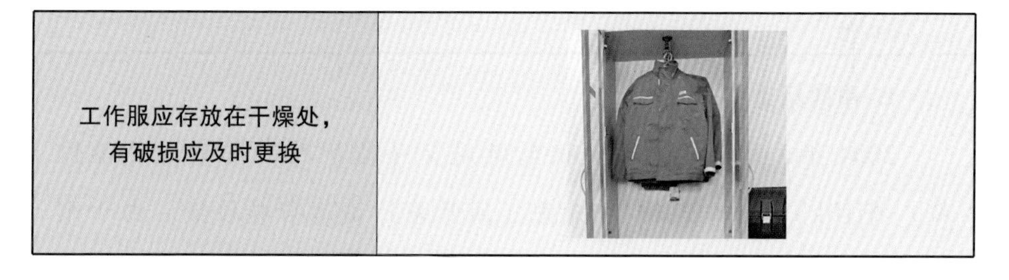

工作服应存放在干燥处，有破损应及时更换	

☆ 要点3：杜绝习惯性违章

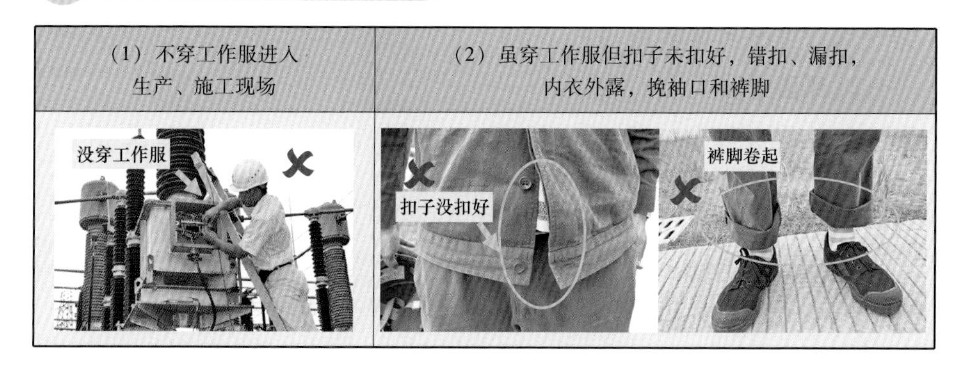

（1）不穿工作服进入生产、施工现场	（2）虽穿工作服但扣子未扣好，错扣、漏扣，内衣外露，挽袖口和裤脚

续表

（3）上身穿尼龙衣，下身穿工作服	（4）穿拖鞋、凉鞋进入生产、施工现场
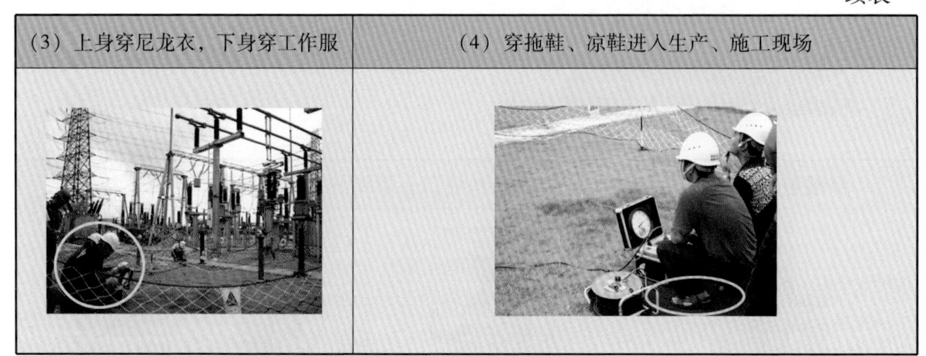	

三、案例分析

工作人员在接触明火、易燃、易爆、带电设备或高温作业时，不穿或不正确穿着工作服，若衣物着火会加重人体烧伤程度。

1. 事故经过

2004年×月×日，××供电所周×（监护人）与董×（操作人）将10kV××线39号杆开关（油开关）由运行转检修。由于天气炎热，董×没有穿工作服，穿着尼龙上衣。在断开开关时，开关突然爆炸，绝缘油着火往下喷溅，由于未穿工作服，加重了董×烧伤程度，造成重度烧伤。

2. 原因分析

董×进入生产现场未穿工作服，遇到着火绝缘油加重其烧伤程度。

3. 预控措施

进入生产、施工现场工作必须穿着成套纯棉长袖工作服。

第五节 系 安 全 带

一、概述

（1）安全带是防止高处作业人员发生高空坠落事故的个人防护用品。

（2）安全带由腰带、保险带、安全绳和扣环等组成。

（3）安全带按种类可分为腰带式安全带、双背带式安全带、全身式安全带。10kV 配电线路和设备上工作一般使用腰带式安全带。

二、系安全带的要点

☆ 要点 1：高处作业必须系安全带

凡在离地面 2m 及以上的地点工作，应使用双保险安全带；使用 3m 以上安全绳时，应配合缓冲器使用；当在高空作业，活动范围超出安全绳保护范围时，必须配合速差式自控器使用。

☆ 要点 2：使用前进行检查，使用时系好挂牢、不失保护，使用后妥善保管

（1）使用前进行检查

试验日期	外观及连接部件	现场拉力试验
检查试验合格证试验日期是否在有效期内。安全带每年进行一次静负荷试验	安全带每次使用前要进行外观检查，应无刮痕、起毛或是断裂迹象，缓冲器完好无损	使用前，应对围杆带、安全绳作拉力试验，拉力试验后应检查连接受力位置是否有撕裂、破损

（2）使用时系好挂牢、不失保护

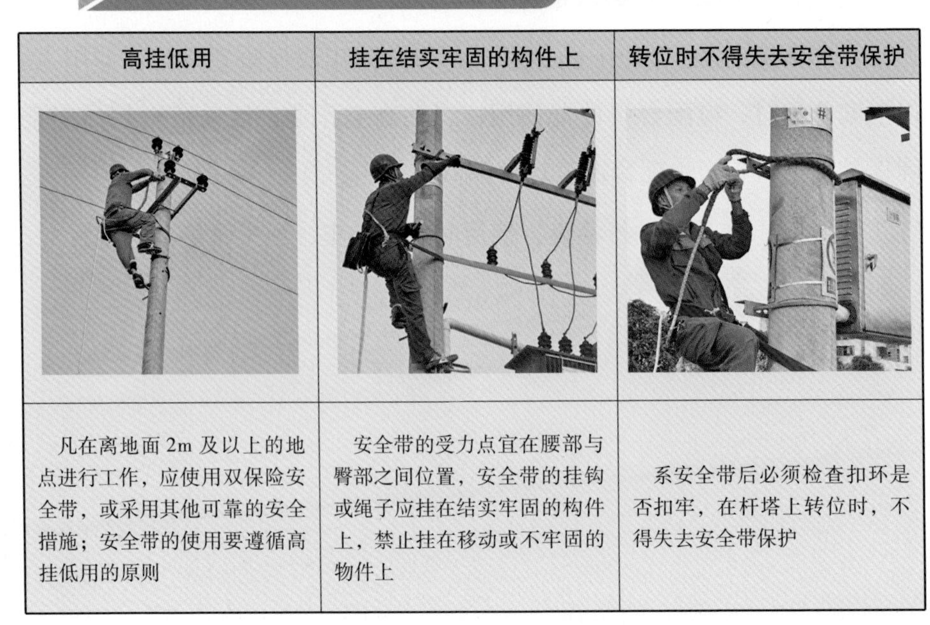

高挂低用	挂在结实牢固的构件上	转位时不得失去安全带保护
凡在离地面2m及以上的地点进行工作，应使用双保险安全带，或采用其他可靠的安全措施；安全带的使用要遵循高挂低用的原则	安全带的受力点宜在腰部与臀部之间位置，安全带的挂钩或绳子应挂在结实牢固的构件上，禁止挂在移动或不牢固的物件上	系安全带后必须检查扣环是否扣牢，在杆塔上转位时，不得失去安全带保护

(3) 使用后妥善保管

安全带应储藏在干燥、通风的仓库内

使用后的处理：

安全带使用后应进行清洁，并应检查外表良好。

存放及管理要求：

安全带应储藏在干燥、通风的仓库内，不准接触高温、明火、强酸和尖锐的坚硬物体，也不准长期暴晒。

安全带半年进行一次静负荷试验。

报废标准：

安全带使用寿命为5年，使用中发现破损应提前报废

☆ 要点3：杜绝习惯性违章

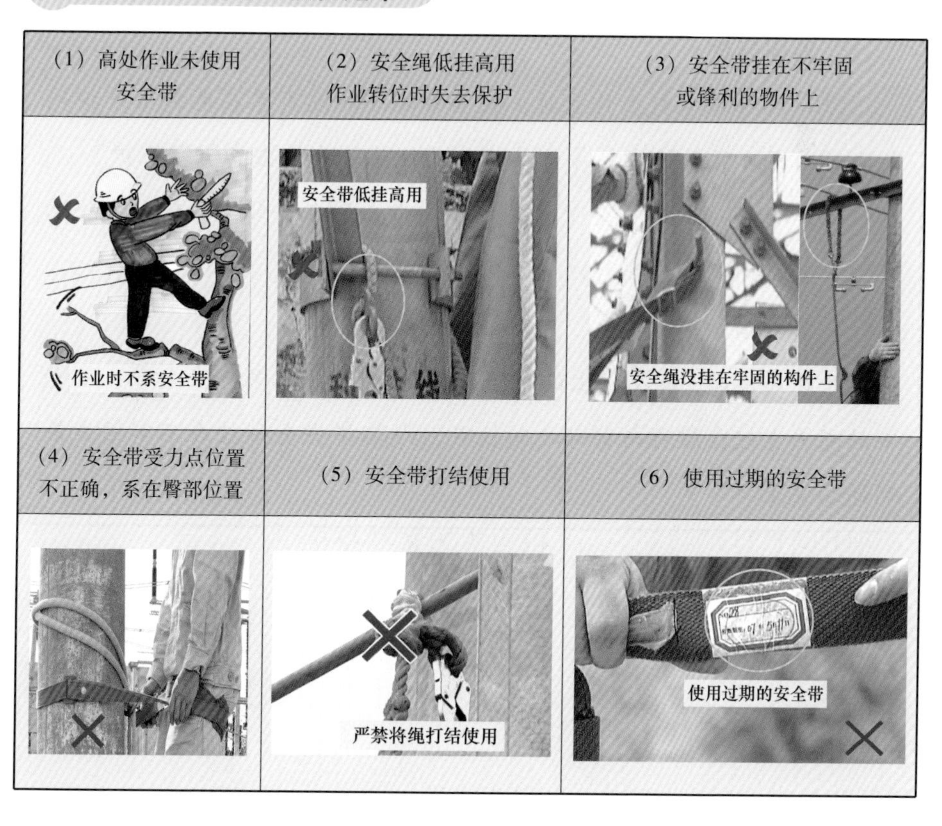

三、案例分析

不系安全带或不正确系安全带将使高空作业人员失去保护，导致高空坠落事故发生，造成人身伤亡。

1. 事故经过

2011 年×月×日，××供电局××供电所林×在开展低压导线抢修登杆作业过程中，将安全带受力点系在臀部，安全绳亦未系在低压电杆牢固物件上，工作过程中安全带安全绳突然脱落，林×顺着电杆坠落，在离地面约 2m 时重心反转头部着地，落地后经抢救无效死亡。

2. 原因分析

（1）林×在电杆上作业时，安全带安全绳没有系在电杆上方抱箍或线码固定可靠的位置，导致林×失足跌落时，失去安全绳保护。

（2）未正确佩戴安全带，安全带受力点系在臀部，导致人体坠落过程中重心翻转，头部着地导致伤亡。

3. 预控措施

凡在离地面 2m 及以上的地点工作，应使用双保险安全带；安全带的受力点宜在腰部与臀部之间位置，严禁将安全带挂在不牢固或锋利的物件上。

第六节 停 电

一、概述

（1）停电是保证安全的技术措施之一，通过停电的技术手段消除触电的安全风险。

（2）在全部或部分停电的电力线路及设备上工作，必须将工作地段的所有可能来电的电源断开，将需要检修的设备与带电运行设备进行电气隔离。

二、停电要点

☆ 要点1：必须停电的设备停电措施一定要落实

工作地点必须停电的设备包括：施工、检修与试验的设备；工作人员在工作中，正常活动范围边沿与带电部位的安全距离小于0.7m的设备（10kV）；在停电检修线路的工作中，如与另一带电线路交叉或接近，其安全距离小于1.0m（10kV及以下）时，则另一带电回路应停电。

☆ 要点2：切断所有可能来电电源，注意做到“5要”

（1）切断所有可能来电电源：检修设备停电必须把各方面的电源完全断开。检修线路停电必须断开发电厂、变电站（包括用户）线路断路器和隔离开关，断开需要工作班操作的线路各端断路器、隔离开关和跌落式熔断器（保险），断开危及该线路停电作业且不能采取安全措施的交叉跨越、平行和同杆线路的断路器和隔离开关，断开有可能返回低压电源的断路器和隔离开关。

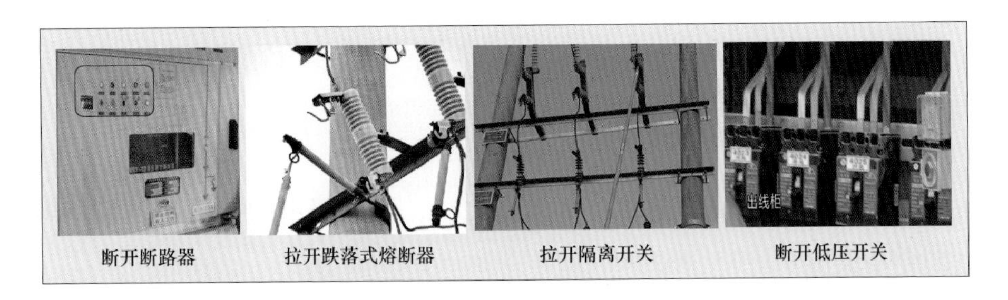

断开断路器　拉开跌落式熔断器　拉开隔离开关　断开低压开关

(2) 注意做到“5要”

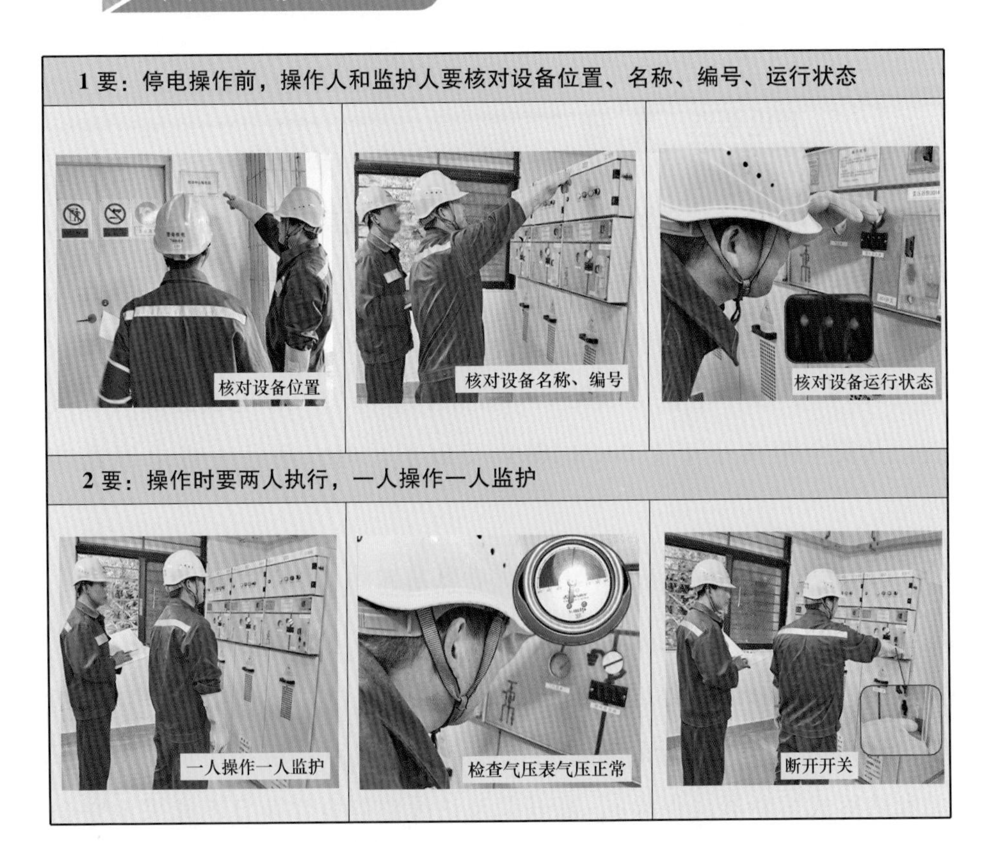
1要：停电操作前，操作人和监护人要核对设备位置、名称、编号、运行状态

核对设备位置　核对设备名称、编号　核对设备运行状态

2要：操作时要两人执行，一人操作一人监护

一人操作一人监护　检查气压表气压正常　断开开关

续表

3 要：操作完成后要检查断开后的开关、刀闸是否在断开位置；并应在断路器（开关）或隔离开关（刀闸）操动机构上悬挂，“禁止合闸，线路有人工作！”的标志牌		
 检查开关在断开位置	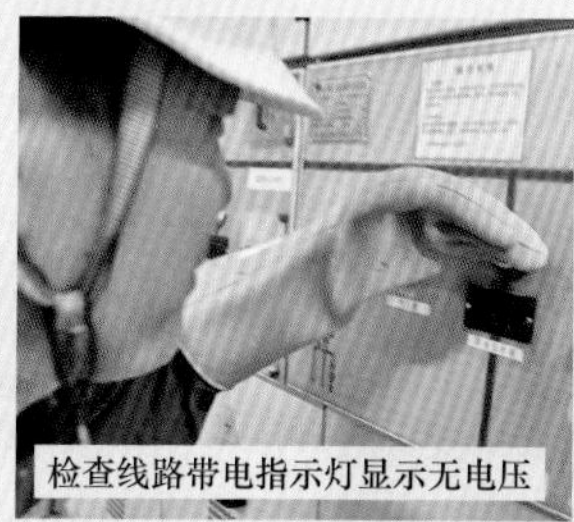 检查线路带电指示灯显示无电压	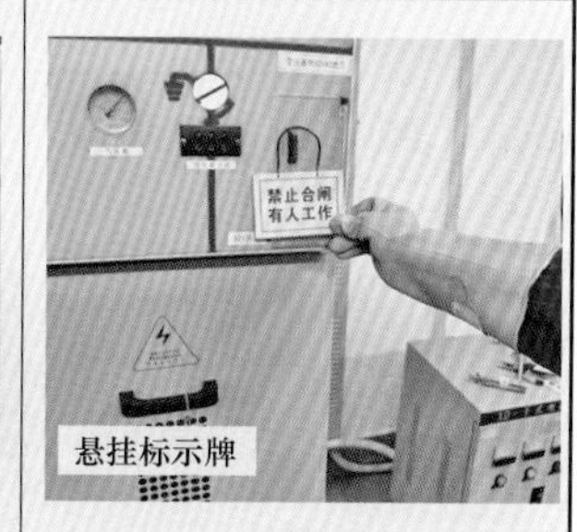 悬挂标示牌
4 要：跌落式熔断器（保险）的熔断管要摘下		
		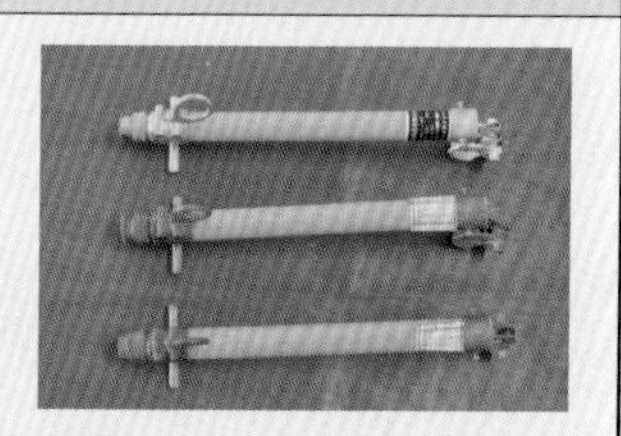
5 要：更换户外式熔断器的熔丝或拆搭接头时，要在线路停电后进行，如需作业时必须在监护人的监护下进行间接带电作业，但严禁带负荷作业		

☆ 要点3：杜绝习惯性违章

（1）按照规定应停电作业的工作未停电。带电放线、收线、松线、紧线	（2）工作地点未断开有可能返回低压电源的开关和刀闸
	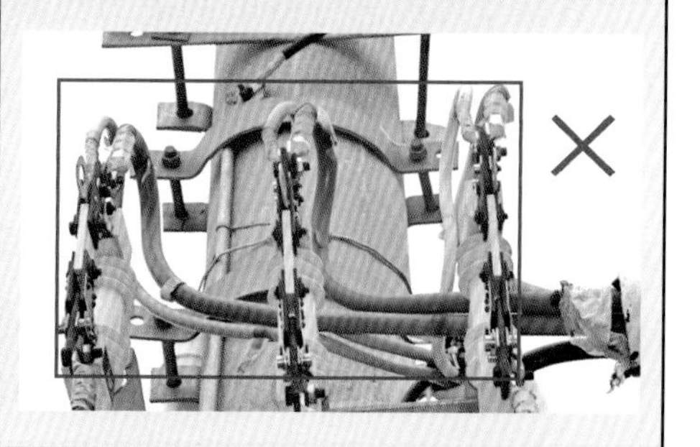

续表

（3）工作地点邻近或交叉跨越带电设备、带电线路安全距离不足时未停电	（4）操作柱上开关时，站在正下方
（5）未按规定戴绝缘手套、穿绝缘鞋（靴）和使用绝缘工器具进行停电操作	

三、案例分析

在需全部或部分停电的电力线路及设备上工作，不停电或停电措施不足将导致人身触电事故或电网、设备事故发生。

1. 事故经过

2011 年×月×日，彭×接到报障电话，巡视发现 220V 低压线路断线，电杆倾斜。由于掉落的导线横过路面且带电，会给过路的行人带来危险，彭×对绝缘导线断口进行简单包扎后，独自一人往回卷收地上的导线。期间右手掌心不慎触碰导线裸露的驳接头，以致触电身亡。

2. 原因分析

（1）在线路没有停电的情况下，实施低压导线收线作业，导致不慎触碰带电导线裸露部分。

（2）带电作业过程没有监护，使得不安全行为得不到及时制止。

3. 预控措施

按照规定应停电作业的工作必须落实停电措施后方能作业，严禁带电放线、收线、松线、紧线。作业过程应设置监护人，及时纠正作业人员的不安全行为。

第七节 验 电

（1）验电是保证安全的技术措施之一，通过验电的技术手段消除触电和误操作的安全风险。

（2）配网常用验电器分为高压验电器和低压验电器。

（3）通过验电可以检查线路、设备有无电压，防止因停错电或未停电引发人身触电事故，防止带电接地的恶性误操作。

二、验电的工作要点

☆ 要点1：接地前必须先验电

停电的设备或线路工作地段接地前，要先验电，验明确无电压后方可接地。

☆ 要点2：验电前先检查验电器，验电时正确操作

（1）验电前先检查验电器

电压等级	试验日期	性能、外观
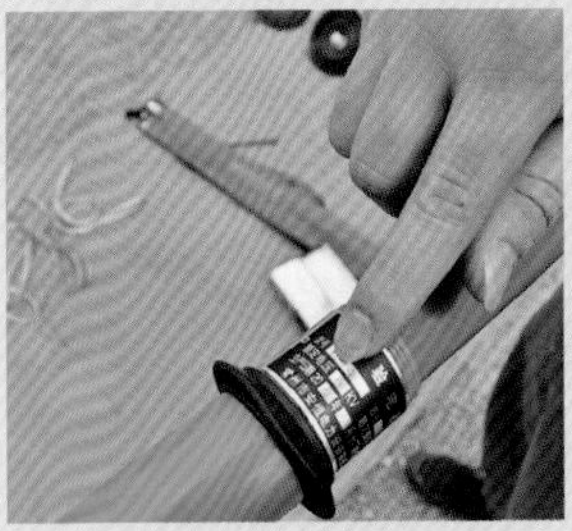	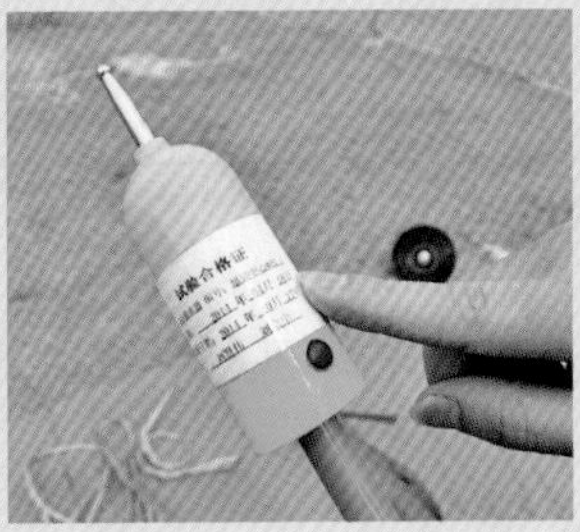	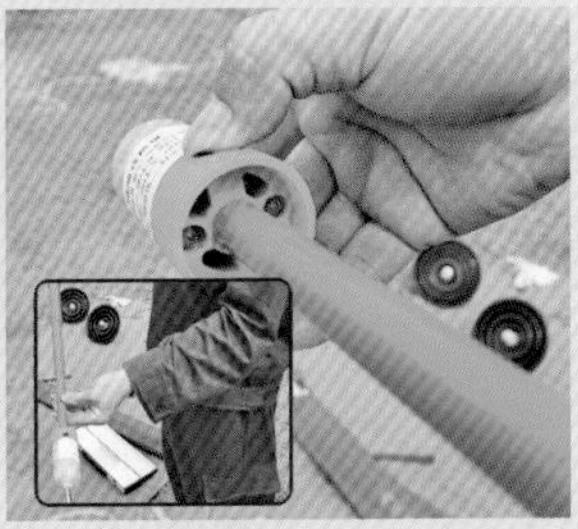
使用前，按被测设备的电压等级，选择同等电压等级的验电器，禁止使用电压等级不对应的验电器进行验电，以免现场测验时得出错误的判断	检查高压验电器试验合格证试验日期是否在有效期内，若不在试验合格的有效期内，则不能使用。 每年应定期进行一次预防性试验	在使用验电器之前，除应首先检验验电器是否良好、有效外（按下验电器的试验按钮后，声、光报警信号正常），还应在电压等级相适应的带电设备上检验报警正确，方能到需要接地的设备上验电

（2）验电时正确操作

1）高压验电。

（a）10kV 配电线路杆上验电。

验电操作前，核对杆号位置、名称、编号正确	明确的验电位置	一人验电，一人监护

验电操作前，操作人和监护人应核对杆号位置、名称、编号正确	验电应有明确位置，验电位置必须与装设接地线的位置相符	验电时要两人进行，一人验电一人监护
合适的站立位置	**戴绝缘手套，手握验电器的护环以下部位**	**正确的验电顺序**

操作人应选好合适的站立位置，保证与相邻带电体足够的安全距离。（10kV 及以下电压等级不小于 0.7m）	为防止因验电器绝缘棒受潮而产生的泄漏电流危及操作人员的安全，在使用时，必须戴相应电压等级的绝缘手套。手握在验电器的护环以下部位（不准超过护环），保证与带电体足够的安全距离	线路的验电应逐相进行。检修联络用的开关或刀闸时，应在其两侧验电。对同杆架设的多层电力线路进行验电时，先验低压，后验高压；先验下层，后验上层；先验距离人体较近的，后验距人体较远的

（b）10kV 配电线路手车式断路器柜（固定密封开关柜）验电。

a）验电操作前，核对设备位置、名称、编号正确

b）一人验电，一人监护

c）设备停电前检查带电显示器有电

d）手车式断路器拉至试验位置

e）带电显示器显示无电

f）与调度核实线路确已停电

2）低压验电。

使用方法	注意事项

使用时，手拿验电笔，用一个手指触及笔杆上的金属部分，金属笔尖顶端接触被检查的测试部位，如果氖管发亮则表明测试部位带电，并且氖管越亮，说明电压越高。 低压验电时手指不得触及测试触头，防止发生触电。 低压验电时人体与大地绝缘良好时，被测体即使有电，氖管也可能不发光；因此，验电时，不应戴绝缘手套，穿绝缘鞋	阳光照射下或光线强烈时，氖管发光指示不易看清，应注意观察或遮挡光线照射。 低压验电笔只能在500V以下使用，禁止在高压回路上使用。 验电时要防止造成相间短路，以防电弧灼伤

（3）保管

1）验电器不得直接与墙或地面接触，以防碰伤其绝缘表面，使用后要把验电器清擦干净。

2）验电器保存在干燥室的专用挂架上面。

☆ 要点3：杜绝习惯性违章

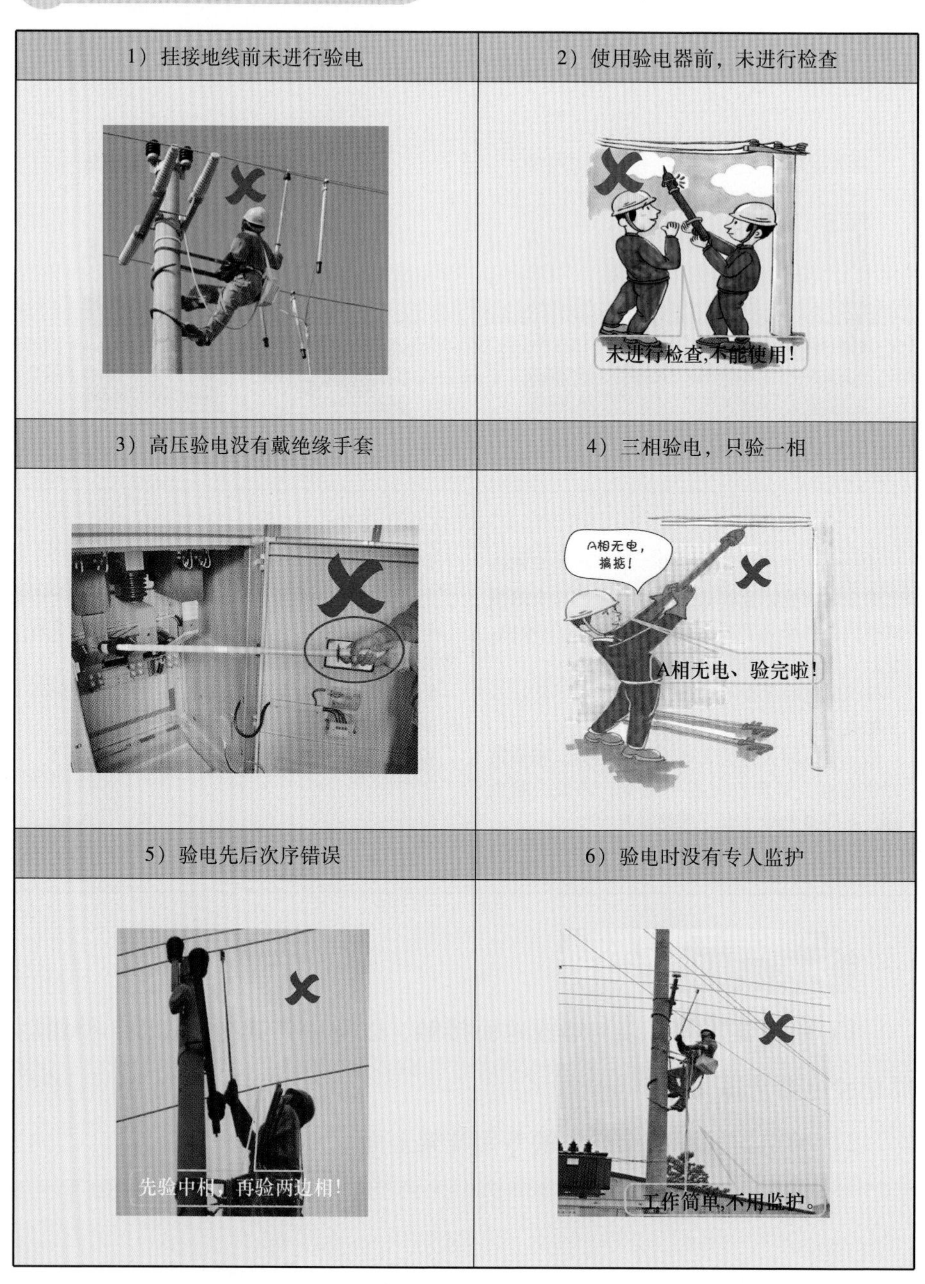

1）挂接地线前未进行验电

2）使用验电器前，未进行检查

3）高压验电没有戴绝缘手套

4）三相验电，只验一相

5）验电先后次序错误

6）验电时没有专人监护

续表

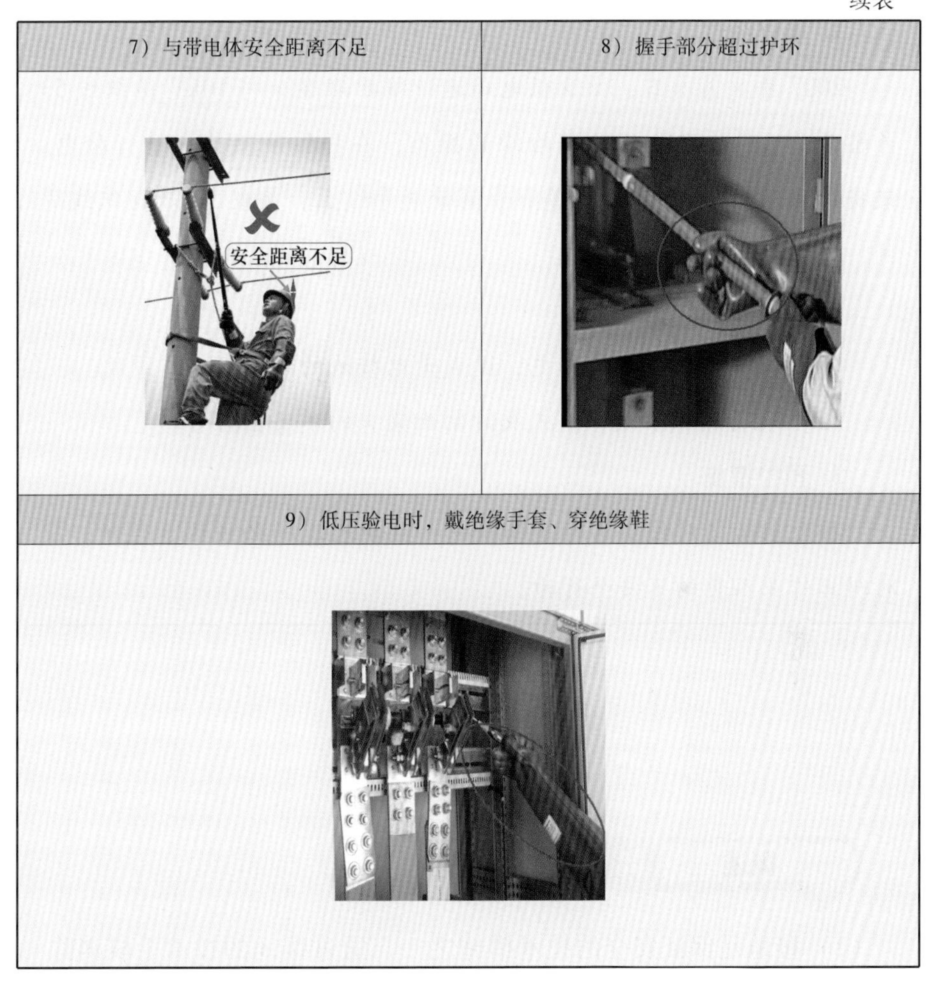

7）与带电体安全距离不足	8）握手部分超过护环
9）低压验电时，戴绝缘手套、穿绝缘鞋	

三、案例分析

不按规定验电可能造成带电接地的恶性误操作事故，发生工作人员误碰带电设备、误登带电杆塔引发人身触电事故。

1. 事故经过

2007 年×月×日，××供电局运行维护班梁×将 10kV 纺织线 53 号塔开关后段线路由运行转检修的操作，在挂接地线前未进行验电，误将接地线直接挂在 53 号塔小号侧带电导线上，导致 10kV 纺织线跳闸，梁×被电弧灼伤。

2. 原因分析

（1）挂接地线前没有验电，造成带电接地的恶性误操作事故。

（2）现场监护不到位，未及时制止梁×的不安全行为。

3. 预控措施

接地前必须对线路进行逐相验电；监护人现场必须认真监护，及时纠正作业人员的不安全行为。

第八节 接　地

（1）接地是保证安全的技术措施之一，通过接地的技术手段消除触电的安全风险。

（2）停电检修或进行其他工作时，接地可防止停电检修设备突然来电，消除感应电压，放尽剩余电荷，保护作业人员免受触电危险。

二、接地的工作要点

☆ 要点1：停电检修必须做足接地措施

停电检修作业，当验明设备或线路确无电压后，操作人应立即在验电点接地。凡是有可能送电到停电设备的各端或停电设备上有感应电压时，都必须装设接地线，要使所有工作地点均处于接地线保护范围内。

☆ 要点2：接地前先检查接地线，接地时正确操作

(1) 接地前先检查接地线

电压等级	试验日期	连接部件及外观
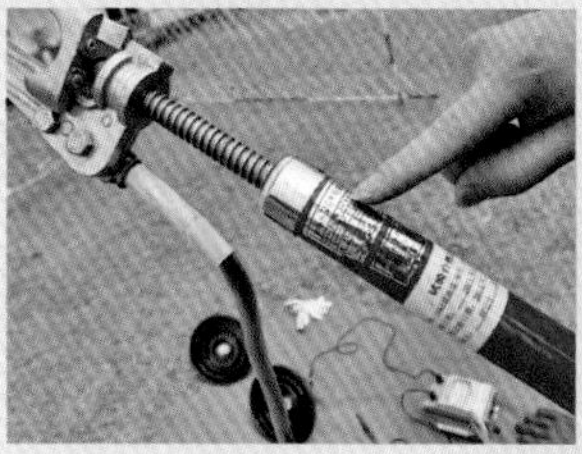		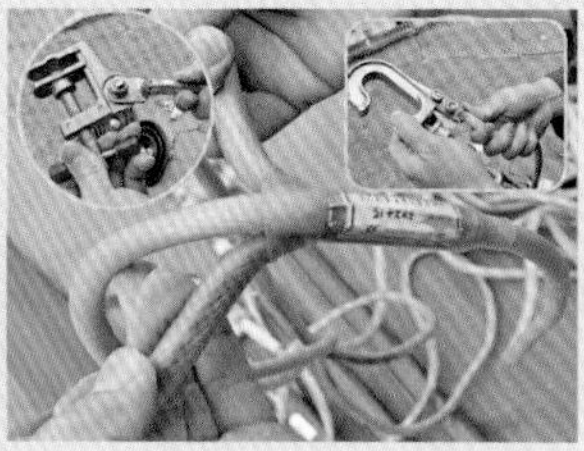
接地线的规格级必须符合接地设备电压等级，切不可任意取用	检查试验合格证试验日期是否在有效期内，若不在试验合格的有效期内，则不能使用。 每年应进行一次预防性试验	检查螺丝是否松脱、铜线有无断股、线夹是否好用、接地铜线和三根短铜线的连接是否牢固，绝缘杆表面是否干净、干燥、完好

(2) 接地时正确操作

<table>
<tr><th>装接地线之前必须验电</th><th>一人操作，一人监护</th><th colspan="2">合适的站立位置</th></tr>
<tr><td></td><td></td><td colspan="2"></td></tr>
<tr><td>装接地线之前必须验电，验电位置必须与装设接地线的位置相符</td><td>接地时要两人进行，一人操作，一人监护</td><td colspan="2">操作人应选好合适的站立位置，保证与相邻带电体足够的安全距离（10kV 及以下电压等级不小于 0.7m）</td></tr>
<tr><th>戴绝缘手套，手握接地绝缘操作杆的护环以下部位</th><th colspan="3">按顺序正确地装设接地线</th></tr>
<tr><td></td><td colspan="3">  

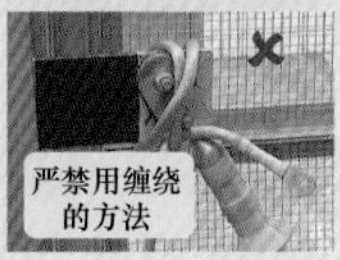
</td></tr>
<tr><td>为防止因接地绝缘操作棒受潮而产生的泄漏电流，危及操作人员的安全，在使用时，必须戴相应电压等级的绝缘手套。手握在接地绝缘操作棒的护环以下部位（不准超过护环）</td><td colspan="3">装、拆接地线时，人体不得碰触接地线，要先接接地端，后接导线端；先挂低压，后挂高压；先挂下层，后挂上层。拆接地线时的顺序与此相反。
若杆塔无接地引下线时，可采用临时接地棒，接地棒在地面下深度不得小于 0.6m。如利用铁塔接地时，可每相分别接地，但铁塔与接地线连接部分应清除油漆。
接地完毕后，必须检查接地线的线夹应能与导体接触良好，并有足够的夹紧力，以防通过短路电流时，由于接触不良而熔断或因电动力的作用而脱落，严禁用缠绕的方法进行接地或短路</td></tr>
</table>

（3）保管

编号并存放在专用工器具柜对应编号位置

使用后的处理：

接地线使用后应进行清洁、擦净，并应检查外表良好。

工作负责人应登记接地线使用情况，工作完成后必须清点每组接地线并确认收回的接地线与带出的接地线数量、编号一致。

存放及管理要求：

每组接地线均应编号，并存放在专用工器具房（柜）对应位置编号存放，以免发生误拆或漏拆接地线造成事故。

每年进行工频耐压预防性试验，每5年进行成组直流电阻试验。

报废标准：

接地线在承受过一次短路电流后，一般应整体报废

☆ 要点3：杜绝习惯性违章

（1）工作地段未装或漏挂设接地线。

（2）高压线路用低压接地线或低压线路用高压接地线。

（3）接地端与导线端装设或拆除顺序错误。

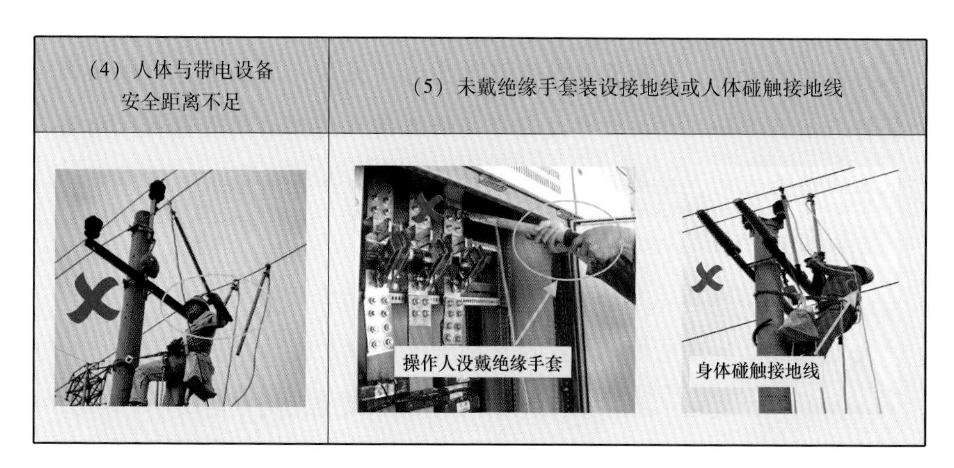

续表

(6) 接地端连接部位未清除锈迹或油漆	(7) 采用抛挂缠绕方式接地	(8) 临时接地棒在地面下深度不足

三、案例分析

在进行检修或抢修工作时，不接地、漏接地或不正确接地将使作业人员失去接地线保护，随时可能因误送电、反送电或感应电引发触电，导致人身伤亡事故。

1. 事故经过

2011 年×月×日，××供电所陈×、邓×等 4 人进行低压架空导线断落故障抢修。在断开故障线路低压总开关后，未在工作地段两侧挂接地线就开始工作，工作过程中某低压用户突然启用发电机，向该低压线路反送电，造成正在线路上工作的邓×当场触电身亡。

2. 原因分析

（1）工作地段未挂接地线，使工作人员失去接地线的保护，在用户发电机发电反送电情况下，造成邓×人身触电伤亡。

（2）用户发电机没有使用双投开关，致使发电时向市电线路反送电。

3. 预控措施

凡是有可能送电到停电设备的各端或停电设备上有感应电压时，都必须装设接地线，使工作地点均处于接地线保护范围内。

用户发电机必须使用双投开关，确保发电机发电时不会向市电线路反送电。

第九节 挂牌装遮栏

（1）挂牌装遮栏是保证安全的技术措施之一，通过挂牌装遮栏的技术手段消除触电、误操作、误入危险区域等安全风险。

（2）标示牌：配网作业常用标示牌有禁止类、提示类、警告类三种，挂牌可以警告作业人员不允许接近带电设备，提示工作地点，以及表明禁止向停电设备合闸送电。

（3）遮栏：按用途分固定遮栏和临时遮栏，装遮栏是为了将工作场所与带电区域隔离或将危险区域进行空间隔离，防止工作人员走错间隔误碰带电设备，或行人车辆误入施工现场。

二、挂牌装遮栏的工作要点

☆ 要点1：禁止合闸、警示危险要挂牌

(1) 在一经合闸即可送电到工作地点的开关和刀闸的操作把手上，应悬挂“禁止合闸，有人工作!”的标示牌

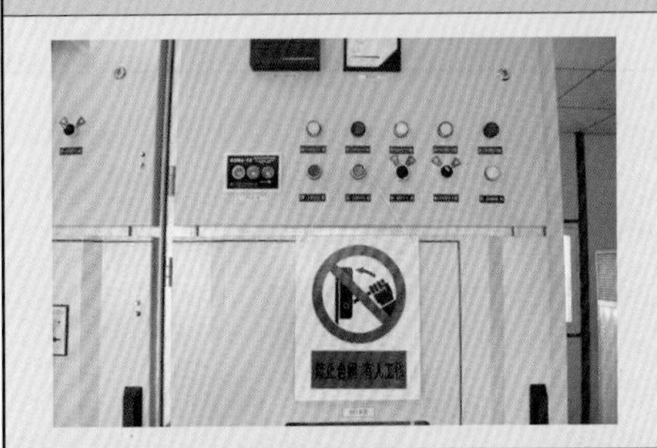

(2) 如果线路上有人工作，应在线路开关和刀闸操作把手上悬挂“禁止合闸，线路有人工作!”的标示牌

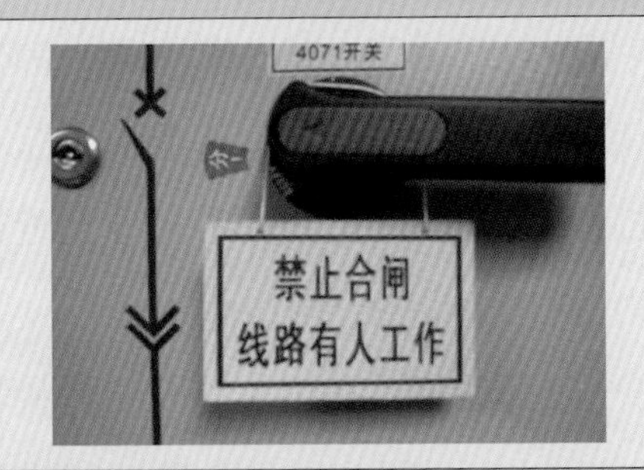

(3) 在邻近其他可能误登的带电杆塔上，应悬挂“禁止攀登，高压危险!”标示牌

续表

（4）在户外构架上工作，应在工作地点邻近带电部分的横梁上，悬挂“止步，高压危险!”	

（5）在部分停电的设备上工作，在工作地点悬挂“在此工作!”的标示牌	

☆ 要点2：工作地点、危险区域要围蔽

（1）部分停电的工作，应装设临时遮栏将工作地点围蔽，防止工作人员超出规定工作范围工作，误碰带电设备

续表

（2）在高处作业范围以及高处落物的伤害范围须围蔽，设置“禁止通行”安全警示标志，并设专人进行安全监护，防止无关人员进入作业范围和落物伤人

（3）施工作业邻近或占用机动车道时，必须在来车方向前50m（高速公路150m）的机动车道上设置交通警示牌，并将工作现场围蔽

（4）在居民区及交通道路附近挖的基坑，应设坑盖或可靠围栏，夜间挂红灯

☆ 要点3：杜绝习惯性违章

（1）一经合闸即可送电到工作地点的开关和刀闸的操作把手上未悬挂禁止合闸的警示标识牌。

（2）作业现场应装设遮栏而未设置。

（3）在邻近或占用交通道路进行施工作业，未装设遮栏和警示标志防止车辆碰撞。

（4）在设置安全围栏的带电运行设备或试验的设备附近工作，工作人员擅自移动、拆除遮栏，进出密封的区域，跨越遮栏等行为。

三、案例分析

在一经合闸即可送电到工作地点的断路器和隔离开关未按规定悬挂标示牌的，容易引发开关误操作，导致人身伤亡事故。施工现场区域未按规定装遮栏极易导致走错间隔，误碰带电设备，或行人车辆误入施工现场，导致人身伤亡。

1. 事故经过

2011年×月×日，××县电气设备安装有限公司在35kV××变电站停电进行10kV 1M设备的清抹工作。办理完许可手续后，赖×带领刘×和谭×等4人开始工作。工作过程中，有吊车进入变电站，由于施工设置的围栏挡住车道，于是移动施工围栏让路，吊车通过后围栏并未恢复，此时围栏围住的工作范围已经扩大，将带电间隔包围进入围栏以内。谭×并未注意围栏位置的变动，以为带电间隔属于工作范围以内，误登带电间隔导致触电身亡。

2. 原因分析

（1）吊车司机擅自移动遮栏，且未将遮栏恢复原状，致使带电设备被围入工作围栏内，造成谭×误解，扩大工作范围，误登带电间隔。

（2）现场监护不到位，未及时制止谭×的不安全行为。

（3）现场交底不到位，工作人员不清楚工作范围。

3. 预控措施

（1）部分停电的工作，应装设临时遮栏将工作地点围蔽，防止工作人员超出规定工作范围工作，误碰带电设备，严禁擅自移动、拆除遮栏。

（2）监护人现场必须认真监护，及时纠正作业人员的不安全行为。

第十节　现　场　交　底

现场交底：包括工作许可人对工作负责人的交底和工作负责人对工作班成员的交底，是对“两票”、“三宝”、“四措”完成情况和下一步的工作要求的集中交代，通过交底明确安全技术措施和工作任务，使参与作业的人员清楚如何保证作业安全。

二、现场交底的要点

☆ 要点1：先交底后工作

（1）完成许可范围内的安全措施后，工作许可人应向工作负责人进行交底，交代工作范围、已实施的安全措施及其他安全注意事项。

（2）施工作业前，工作负责人必须向工作班成员进行现场安全技术交底。

（3）两个及以上班组共同工作时，应填用分组工作派工单与工作票一并使用，指定小组负责人，由工作负责人向各小组负责人交底，再由小组负责人向各工作班组成员交底。

☆ 要点2：交底内容要齐全，清楚明白才干活

交底时，全体班组人员列队点名，工作负责人负责检查工作班人员精神状态，宣读工作票内容，包括工作时间、工作任务、停电范围、工作地段、工作要求的安全措施、保留的带电线路或带电设备、其他注意事项，明确分工和责任。必须在所有工作人员清楚明白交底内容并签名确认后，方可开始工作

☆ 要点3：杜绝习惯性违章

（1）工作许可人没有向工作负责人进行安全技术交底。

（2）工作负责人未进行现场交底，工作班成员已开始工作。

（3）交底内容没有针对性、不全面。

（4）工作负责人现场交底时，没有集中所有班组成员进行交底，导致个别人员不清晰注意事项。

（5）工作班组成员在交底后未签名确认。

三、案例分析

不进行现场交底或交底内容不清晰，导致工作班成员不清楚工作任务，造成误操作设备、误入带电间隔或误碰带电设备等事故发生。

1. 事故经过

2008年×月×日，×局运行维护二班对某户外构架式配电站803开关（母线侧8031刀闸静触头带电）进行检修，工作负责人李×在现场交底时，未对全体班组人员列队点名，谭×因去洗手间未参与交底，返回时直接投入工作。谭×在完成工作任务后，发现803开关母线侧8031刀闸绝缘子积污严重，遂自行清扫污秽绝缘子。期间抹布不慎碰触8031刀闸静触头导致谭×当场触电身亡。

2. 原因分析

（1）工作负责人现场交底时，没有集中所有班组成员进行交底，导致谭×不清楚工作地点邻近的带电部位等注意事项，擅自扩大工作范围，以致触电伤亡。

（2）现场监护不到位，未及时制止谭×的不安全行为。

3. 预控措施

（1）交底时，全体班组人员应列队点名，工作负责人进行安全技术交底，交底内容必须齐全、有针对性，必须在所有工作人员清楚明白交底内容并签名确认后，方可开始工作。

（2）监护人现场必须认真监护，及时纠正作业人员的不安全行为。

第四章
电气操作行为规范

第一节　一般行为规范

一、精神面貌

在电气操作过程中，要求参与电气操作人员精神饱满，注意力集中，情绪稳定		

二、纪律要求

（1）在电气操作过程中，禁止做任何与本次操作无关的事情	（2）严格遵守《电业安全工作规程》、电气操作导则和调度规程等规章制度	（3）以严肃认真的态度来执行电气操作过程中的每一步骤

三、着装规范

1. 穿工作服

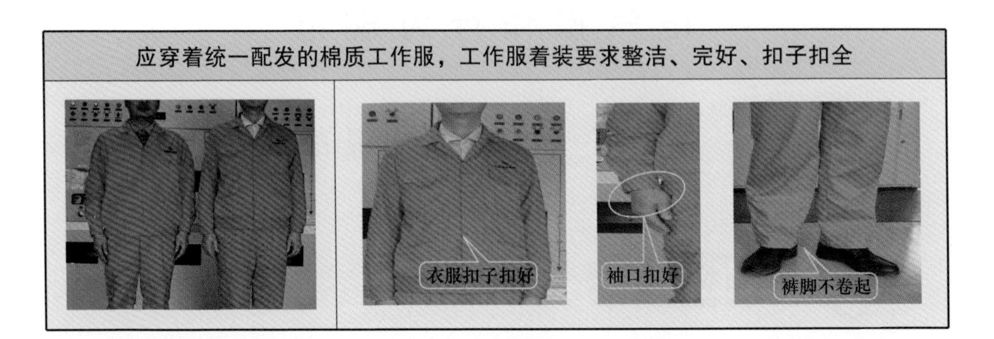

2. 戴安全帽

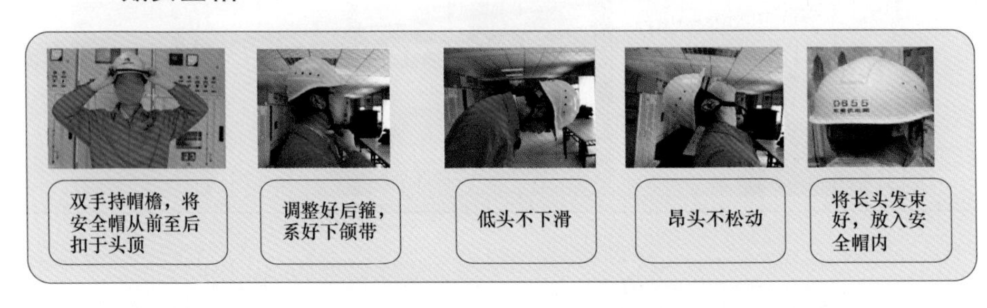

3. 戴绝缘手套、穿绝缘靴

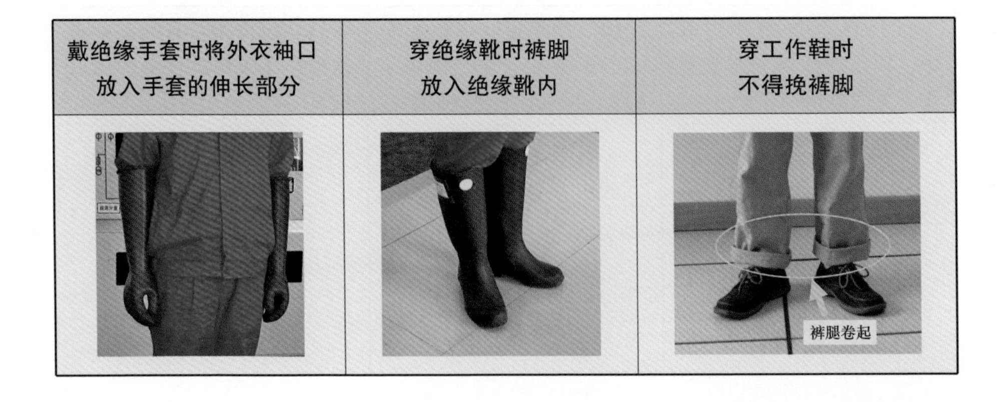

四、语言规范

（1）应使用便于双方沟通的语言（首选标准普通话）。

（2）吐字清晰，声音洪亮，声音不小于50dB。

（3）语速适中，150～180字/min。

第二节　关键行为规范

一、到达现场汇报

操作人员到达操作现场并完成操作准备后，向当值配网调度员汇报

二、接令

(1) 接令人应在4次电话响铃内接听电话；
(2) 接令时，接令人姿势端正，在调度操作指令记录本上边接听边记录；
(3) 记录完整后接令人要对照记录，完整复诵调度命令

三、转发调度令

1. 电话转发调度令

（1）发令人坐姿端正，将调度操作指令记录本放置于正前方，手持话筒，边看调度操作指令边发令	（2）接令人复诵时，发令人对照调度操作指令认真核对无误后，发出“对，执行”的命令

2. 现场转发调度令

(1) 发令人正对接令人，双方站姿端正，间距1m；
(2) 发令人手持调度指令记录本，向接令人正确、完整下达操作指令；
(3) 接令人手持操作票，核对操作指令与操作内容一致；
(4) 接令人复诵，发令人对照调度操作指令认真核对无误后，发出“对，执行”的命令

四、操作过程的走位、站位、手指、登杆（塔）

1. 走位

<table>
<tr><td colspan="2">（1）根据操作票核对并明确操作目标；
（2）在走动的过程中，由操作人走在前面，监护人走在后面，两人的间距控制在2m以内；
（3）途中不得闲谈或做与操作无关的事情</td></tr>
<tr><td></td><td></td></tr>
</table>

2. 站位

（1）在地面操作杆塔上开关（包括跌落式熔断器）、刀闸的站位。

1）操作人、监护人到达目标设备下前方适当位置，以能清楚看到目标设备的标示牌为准	2）操作人眼看、手指目标设备核对设备名称、位置，监护人确认

续表

3）确认完毕后操作人站在目标设备下前方适当位置，以能够利用绝缘棒顺利完成操作而不受阻挡为准，但不能站在目标设备正下方1m范围以内，监护人站在操作人的侧后方。两人间距以监护人能清楚观察操作人的行为并能够用手有效制止操作人违章操作为准	

（2）在杆塔上进行验电接地的站位。

1）操作人、监护人到达目标杆塔前方，操作人眼看、手指目标杆塔核对设备名称、位置，监护人确认	2）操作人登上杆塔后应与带电设备保持安全距离，使用双保险安全带，安全带系在电杆或牢固的构件上，主带挂在略高于操作人腰部的位置，副带挂在高于操作人腰部0.5m以上的位置，操作人在安全带的保护下在杆塔上站稳

3）监护人应站在操作人的下前方以能清楚看到操作人的行为为准	

（3）在开关柜前操作开关设备、刀闸的站位。

<table>
<tr><td>1）操作人、监护人到达目标设备前方</td><td>2）操作人眼看、手指目标设备核对设备名称、位置，监护人确认</td></tr>
<tr><td></td><td></td></tr>
<tr><td>3）确认完毕后操作人站在目标设备标示牌的正前方，监护人站在操作人的侧后方。两人间距以监护人能清楚观察操作人的行为并能够用手有效制止操作人违章操作为准</td><td></td></tr>
</table>

3. 手指

<table>
<tr><td>（1）操作人、监护人到达目标设备前方</td><td>（2）操作人眼看、手指目标设备，核对设备名称、位置，监护人确认</td></tr>
<tr><td></td><td></td></tr>
</table>

4. 登杆（塔）

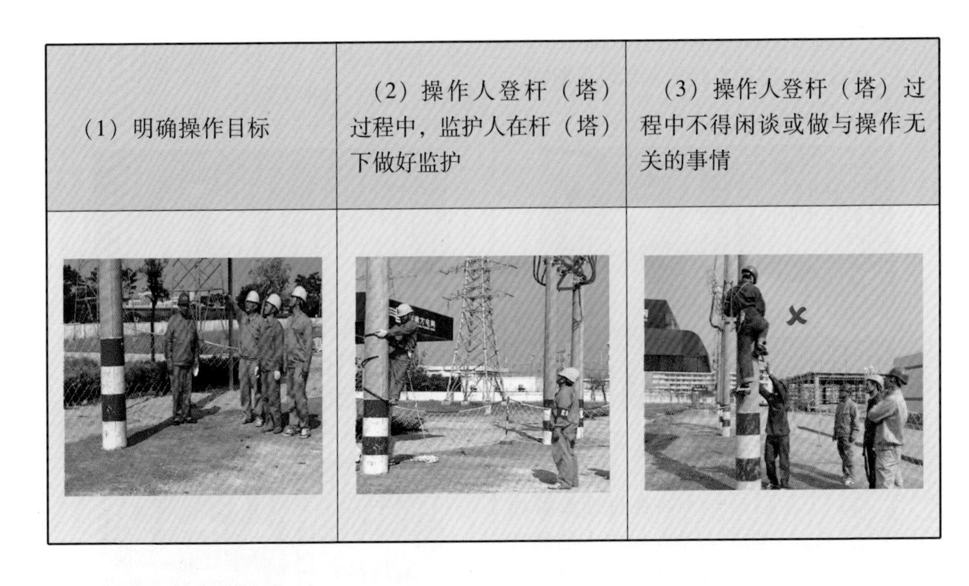

（1）明确操作目标	（2）操作人登杆（塔）过程中，监护人在杆（塔）下做好监护	（3）操作人登杆（塔）过程中不得闲谈或做与操作无关的事情

五、唱票复诵

1. 唱票

（1）监护人手持、眼看操作票，按照操作票上顺序逐项发出命令	（2）在监护人唱票时，操作人眼看、手指待操作设备的标示牌
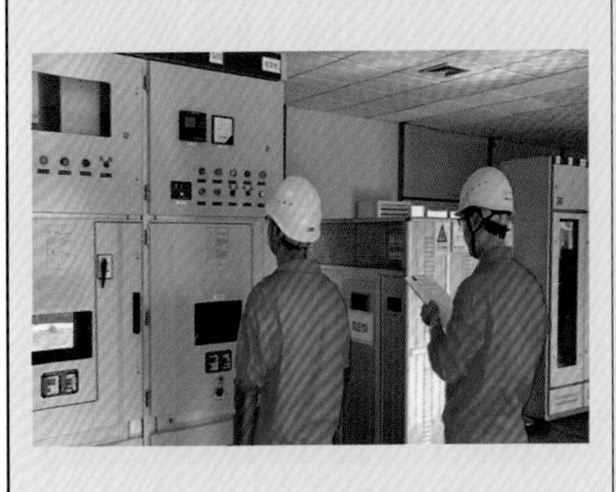	

2. 复诵

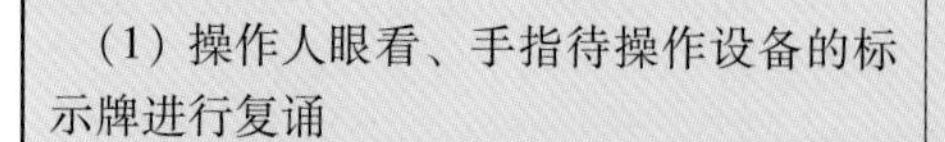（1）操作人眼看、手指待操作设备的标示牌进行复诵	（2）监护人对照操作票确认操作人复诵的内容正确
	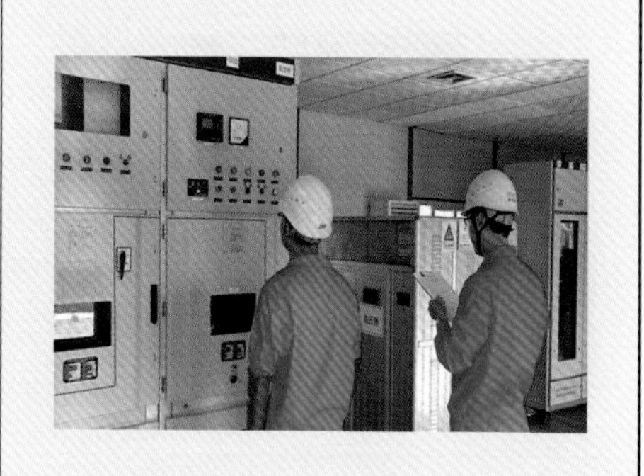

六、模拟屏操作 

（1）操作人、监护人按站位标准站在模拟屏的正前方确认	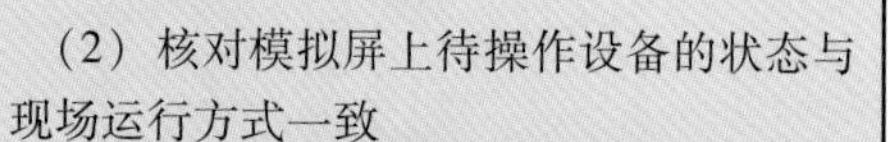（2）核对模拟屏上待操作设备的状态与现场运行方式一致

续表

（3）面对模拟屏，监护人朗读即将进行的操作任务，并宣布模拟操作开始，操作人选择进入模拟操作模式	（4）监护人唱票，操作人手指模拟设备进行复诵

（5）监护人确认无误，发出“对，执行”的命令后，操作人进行模拟操作	（6）完成模拟操作项目后，核对操作结果正确

（7）操作人进行操作任务传输并取出电脑钥匙交监护人	

七、设备操作

1. 屏面设备操作

屏面操作包括在高压柜、低压柜、机构箱及端子箱上进行操作把手、控制把手、压板、按钮、熔断器、空气开关等操作。

对 SF_6设备，检查气压表气体压力指示正常。

（1）操作把手操作。

1）操作人、监护人按站位规范站在待操作开关操作孔的正前方	2）操作人手指操作孔，核对操作孔名称、编号及颜色无误，核对操作把手的名称及颜色无误，监护人确认
	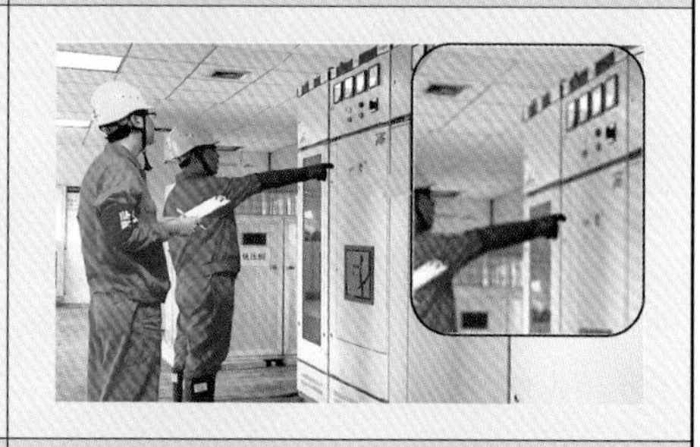
3）操作人将操作把手插入待操作开关操作孔	4）监护人确认无误后，发出“对，执行”的命令，操作人将操作把手切至正确位置
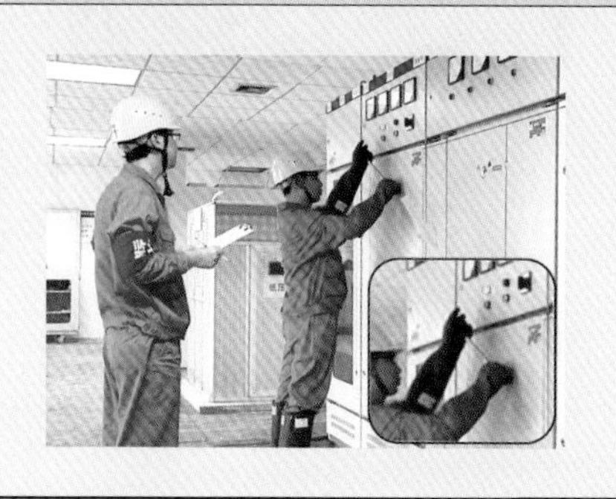	

（2）控制把手操作。

1）操作人、监护人按站位规范站在待操作开关操作孔的正前方	2）操作人手指操作孔，核对操作孔名称、编号及颜色无误，核对操作把手的名称及颜色无误，监护人确认

3）监护人进行唱票，操作人眼看、手指待操作的控制把手，同时，指明该把手切换的方向及应切至的位置	4）监护人确认无误后，发出“对，执行”的命令，操作人操作控制把手切至正确位置

（3）压板操作。

1）操作人、监护人在待操作压板的正前方	2）操作人员手指待操作压板，核对压板的名称及编号无误，监护人确认

3）监护人进行唱票，操作人眼看、手指待操作的压板进行复诵	4）操作人员手指待操作压板，核对压板的名称，监护人确认无误后，发出“对，执行”的命令，操作人执行投退压板的操作

（4）按钮操作。

<table>
<tr><td>1）操作人、监护人按站位规范站在待操作按钮的正前方</td><td>2）操作人员手指待操作按钮，核对按钮的名称及编号无误，监护人确认</td></tr>
<tr><td></td><td></td></tr>
<tr><td>3）监护人进行唱票，操作人眼看、手指待操作的按钮进行复诵</td><td>4）监护人确认无误后，发出“对，执行”的命令，操作人用食指按下按钮</td></tr>
<tr><td></td><td></td></tr>
</table>

（5）低压开关操作。

1）操作人、监护人按站位规范站在待操作低压开关的正前方	2）操作人手指低压开关，核对低压开关的名称及编号无误，监护人确认

3）监护人进行唱票，操作人眼看、手指待操作的低压开关进行复诵，同时，指明切至的正确位置	4）监护人确认无误后，发出“对，执行”的命令，操作人操作低压开关切至正确位置
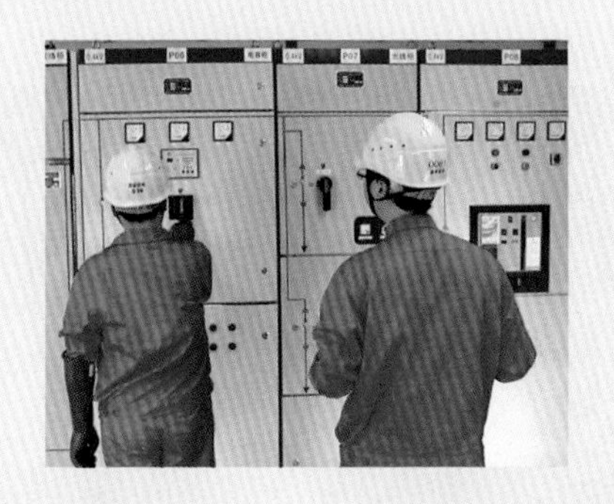	

2. 杆塔上设备的操作

杆塔上设备的操作包括开关、跌落式熔断器、刀闸等操作。

（1）开关的操作。

1）操作人眼看、手指待操作设备，核对开关设备的名称及编号无误，监护人确认	2）操作人戴绝缘手套，穿绝缘靴，手持绝缘操作棒，按站位规范站在待操作设备下前方

3）监护人进行唱票，操作人眼看、用手指向待操作设备进行复诵，监护人确认无误	4）操作人用绝缘操作棒靠近待操作设备的操作环，并停留，监护人眼看待操作设备并确认正确，发出“对，执行”的命令

续表

5）操作人利用绝缘操作棒拉动操作环进行操作，将开关拉至正确位置	

（2）跌落式熔断器的操作。

1）操作人眼看、手指待操作设备，核对开关设备的名称及编号无误，监护人确认	2）操作人戴绝缘手套，穿绝缘靴，手持绝缘操作棒，按站位规范站在待操作设备下前方

3）监护人进行唱票，操作人眼看、用手指向待操作设备进行复诵，监护人确认无误	4）操作人用绝缘操作棒靠近待操作设备的操作环，并停留，监护人眼看待操作设备并确认正确，发出“对，执行”的命令

续表

5）操作人利用绝缘操作棒拉动操作环进行操作，将跌落式熔断器拉至正确位置	

（3）刀闸的操作。

1）操作人眼看、手指待操作设备，核对开关设备的名称及编号无误，监护人确认	2）操作人戴绝缘手套，穿绝缘靴，手持绝缘操作棒，按站位规范站在待操作设备下前方

3）监护人进行唱票，操作人眼看、用手指向待操作设备进行复诵，监护人确认无误	4）操作人用绝缘操作棒靠近待操作设备的操作环，并停留，监护人眼看待操作设备并确认正确，发出“对，执行”的命令

续表

5）操作人利用绝缘操作棒拉动操作环进行操作，将刀闸拉至正确位置	

3. 验电操作

（1）变电站高压设备验电操作。

1）操作人预先组装好验电器，自检验电器完好，戴绝缘手套	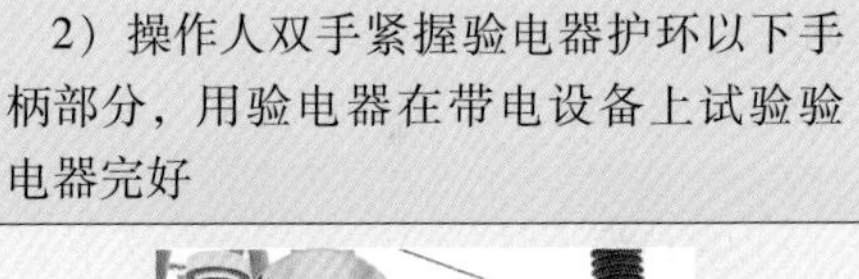 2）操作人双手紧握验电器护环以下手柄部分，用验电器在带电设备上试验验电器完好

3）操作人、监护人回到待验电设备的正前方，到位后按站位规范站立	4）监护人进行唱票，操作人复诵，并眼看、手指设备标示牌及验电位置

续表

5）监护人确认无误后，发出“对，执行”的命令	6）操作人双手举起验电器保持平衡稳定后，眼看验电器，将验电器的验电头与待验电设备的导体接触，耳听、眼看验电器声光正常

7）验电结束时，验电器必须架空放置，防止验电器脏污或受潮	

（2）10kV 手车式断路器柜（固定密封开关柜）验电。

1）验电操作前，核对设备位置、名称、编号正确	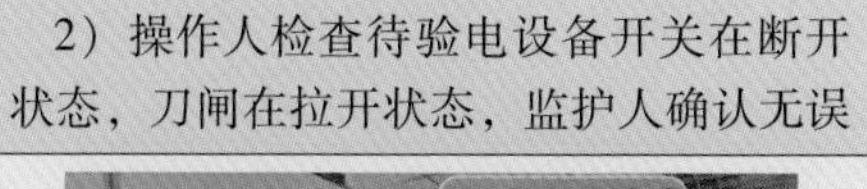 2）操作人检查待验电设备开关在断开状态，刀闸在拉开状态，监护人确认无误

续表

3）操作人、监护人按站位规范站在待验电设备带电显示器的正前方，到位后按站位规范站立	4）操作人眼看、手指设备带电显示器，监护人进行唱票，操作人复诵，监护人确认无误后，发出“对，执行”的命令

5）操作人眼看带电显示器在熄灭状态	6）与调度核实线路确已停电

（3）杆塔上验电操作。

1）操作人眼看、手指待操作设备，核对开关设备的名称及编号无误，监护人确认	2）操作人自检验电器完好，并在与待验电设备相同电压等级的带电设备上试验验电器完好

3）操作人眼看、手指设备验电位置，监护人进行唱票，操作人复诵，监护人确认无误后，发出“对，执行”的命令	4）操作人眼看验电器，手紧握验电器护环或红线以下手柄部分，将验电器的验电头与待验电设备的导体接触，至少停留3s，耳听、眼看验电器声光正常，验完一相再验另一相，先验下层再验上层

4. 接地操作

（1）接地刀闸操作。

1）摇动式操作机构接地刀闸操作。

（a）摇动式操作机构接地刀闸合闸操作。

a）先验电，验明三相确无电压后立刻进行接地刀闸操作	b）操作人、监护人按站位规范站在待操作接地刀闸操作手柄的正前方。监护人唱票，操作人复诵；操作人核对电脑钥匙编号与编码锁编号一致，并打开编码锁（有电磁锁的接着打开电磁锁）

c）操作人戴上绝缘手套，插入操作手柄，确认手柄的摇动方向	d）用双手慢慢地将接地刀闸摇起，待刀闸动触头有明显移动后，停顿3s，并眼看接地刀闸动触头的移动方向正确
	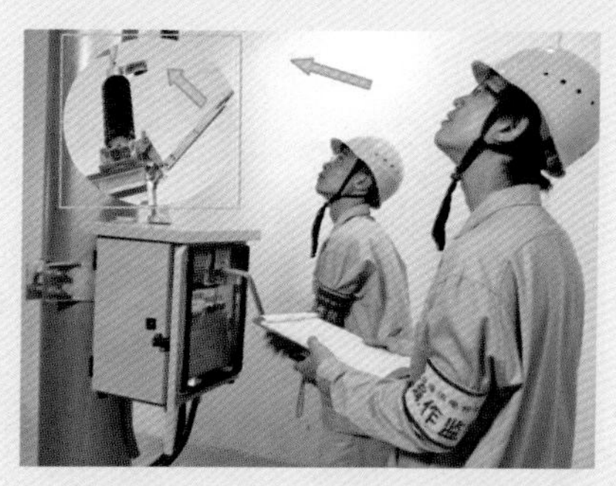

续表

e）监护人眼看地刀的移动方向并确认正确，操作人继续摇动手柄，合上接地刀闸	f）监护人唱票，操作人复诵，操作人检查接地刀闸三相是否合到位，监护人确认，操作人再把编码锁锁回原位，电磁锁回位

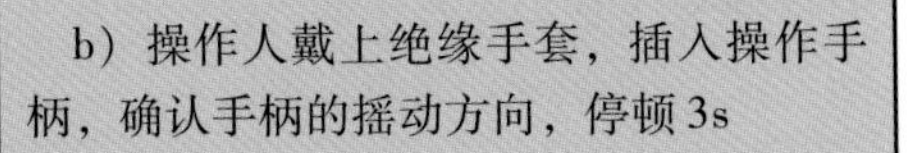

（b）摇动式操动机构接地刀闸分闸操作。

a）操作人、监护人按站位规范站在待操作接地刀闸操作手柄的正前方。监护人唱票，操作人复诵；操作人核对电脑钥匙编号与编码锁编号一致，并打开编码锁和电磁锁	b）操作人戴上绝缘手套，插入操作手柄，确认手柄的摇动方向，停顿3s

续表

c）监护人确认摇动方向正确，操作人摇动手柄，分开接地刀闸	d）监护人唱票，操作人复诵，操作人检查接地刀闸三相是否分到位，监护人确认，操作人再把编码锁锁回原位，电磁锁回位

2）推动式操动机构接地刀闸操作。

（a）推动式操动机构接地刀闸合闸操作。

a）先验电，验明三相确无电压后立刻进行接地刀闸操作	b）操作人、监护人按站位规范站在待操作接地刀闸操作手柄的正前方

续表

c）监护人唱票，操作人复诵；操作人核对电脑钥匙编号与编码锁编号一致，并打开编码锁（有电磁锁的接着打开电磁锁）	d）操作人戴上绝缘手套，插入操作手柄，确认手柄的推动方向，用双手慢慢地将接地刀闸推起，待刀闸动触头有明显移动后，停顿3s，并眼看接地刀闸动触头的移动方向正确

e）监护人眼看地刀的移动方向并确认正确	f）操作人继续推动手柄，合上接地刀闸

续表

g）监护人唱票，操作人复诵，操作人检查接地刀闸三相是否合到位，监护人确认，操作人再把编码锁锁回原位，电磁锁回位
 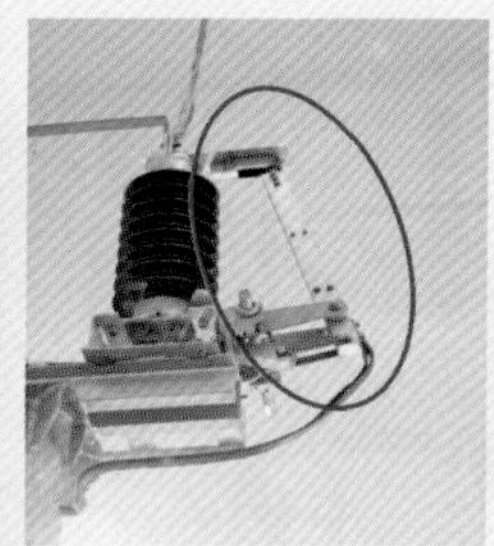

（b）推动式操动机构接地刀闸分闸操作。

a）操作人、监护人按站位规范站在待操作接地刀闸操作手柄的正前方	b）监护人唱票，操作人复诵；操作人核对电脑钥匙编号与编码锁编号一致，并打开编码锁（有电磁锁的接着打开电磁锁）

续表

<table>
<tr><td>c）操作人戴上绝缘手套，插入操作手柄，确认手柄的推动方向，停顿3s，监护人进行确认</td><td>d）操作人推动刀闸，拉开接地刀闸</td></tr>
<tr><td></td><td></td></tr>
<tr><td colspan="2">e）监护人唱票，操作人复诵，操作人检查接地刀闸三相是否分到位，监护人确认，操作人再把编码锁锁回原位，电磁锁回位</td></tr>
<tr><td colspan="2"> </td></tr>
</table>

3）开关柜接地刀闸操作。

（a）开关柜接地刀闸合闸操作。

a）操作人眼看、手指待操作设备，核对设备的名称、编号、位置无误，监护人确认	b）验明三相确无电压后立刻进行接地刀闸操作，需要检查开关柜线路侧3盏带电指示灯灭，如图所示（如果是带开关控制的，要分合开关3次，确认灯是灭的）

c）操作人、监护人按站位规范站在待操作接地刀闸操作孔的正前方，监护人唱票，操作人复诵	d）操作人戴上绝缘手套，插入操作手柄，确认手柄的扳动方向（通过观察开关柜手柄插孔的指示位置确定扳动的方向），监护人确认，操作人合上接地刀闸

续表

e）监护人唱票，操作人复诵，操作人检查接地刀闸三相是否合到位，监护人确认（检查柜内每相动静触头完全合好，柜内没照明灯的要用手电筒辅助检查，有的开关柜不能看到 B 相实际合上位置，要确认其弹簧已拉直；指示标示显示在合位）	

（b）开关柜接地刀闸分闸操作。

a）操作人眼看、手指待操作设备，核对设备的名称、编号、位置无误，监护人确认	b）操作人、监护人按站位规范站在待操作接地刀闸操作孔的正前方，监护人唱票，操作人复诵 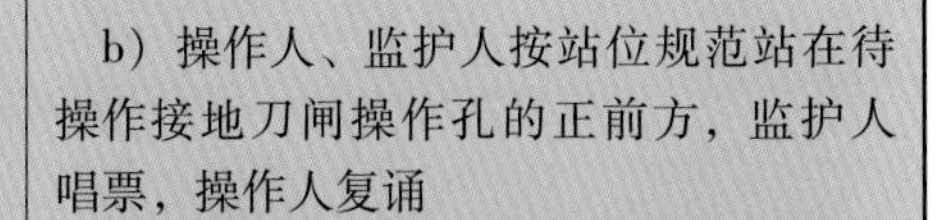

c）操作人戴上绝缘手套，插入操作手柄，确认手柄的扳动方向（通过观察开关柜手柄插孔的指示位置确定扳动的方向），监护人确认，操作人分开接地刀闸	

续表

<table>
<tr><td colspan="2">d）监护人唱票，操作人复诵，操作人检查接地刀闸三相是否分到位，监护人确认（检查柜内每相动静触头完全分开，柜内没照明灯的要用手电筒辅助检查，指示标示显示在分位）</td></tr>
<tr><td> </td><td></td></tr>
</table>

（2）接地线操作。

1）杆塔上装设接地线。

（a）操作人眼看、手指待操作设备，核对开关设备的名称及编号无误，监护人确认	（b）操作人、监护人在接地点的正下方将接地线理顺、放好

续表

（c）操作人把接地线的接地端与地网引出线可靠连接，监护人进行检查确认	（d）装接地线之前必须验电，验电位置必须与装设接地线的位置相符
操作人接牢接地端　监护人检查确认	
（e）操作人登上杆塔后应与带电设备保持安全距离，操作人在安全带的保护下在杆塔上站稳	（f）操作人戴绝缘手套，拿起接地线绝缘操作棒，先装设下层再装设上层，逐相装设接地线
（g）操作人把接地线装设完后，监护人确认	

2）杆塔上拆除接地线。

（a）操作人眼看、手指待操作设备，核对开关设备的名称及编号无误，监护人确认	（b）监护人在杆塔下进行监护
（c）操作人登上杆塔后应与带电设备保持安全距离，操作人在安全带的保护下在杆塔上站稳	（d）操作人戴绝缘手套，拿起接地线绝缘操作棒，先取下上层再取下下层，逐相拆除接地线

续表

（e）逐相拆除完接地线的导体端后，操作人用绳索将接电线传到地面，然后下杆（塔）	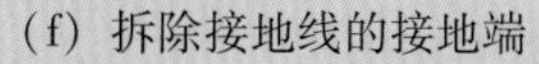 （f）拆除接地线的接地端

第五章
配网现场作业重点风险预控

第一节　配网现场作业重点风险

一、配网事故统计情况

总结近十年来国内电力企业发生的配网事故，共156起。统计情况如图5－1所示。

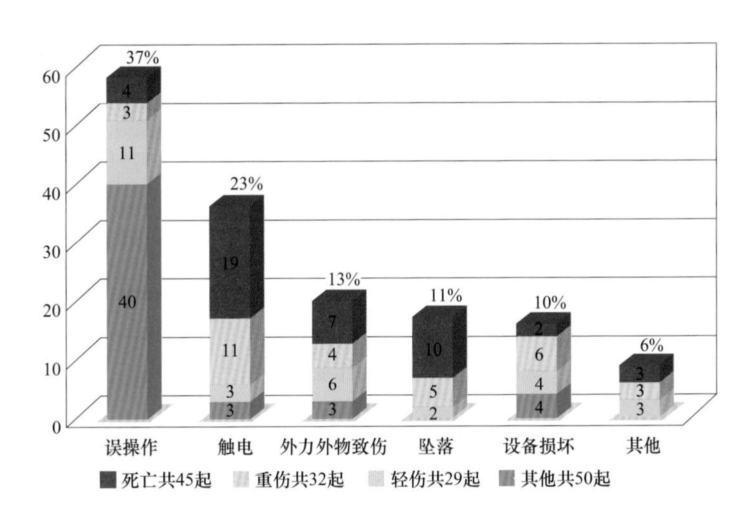

图5－1　近十年国内电力企业发生的配网事故统计情况

从事故发生的次数分析，主要事故是误操作、触电、外力外物致伤和坠落。

从事故造成的危害分析，造成人身伤亡的主要是触电、坠落、外力外物致伤和误操作。因此，必须采取有效措施防范触电、坠落等事故。

二、配网现场作业重点风险

根据配网日常现场作业项目，共梳理出152条配网现场作业风险。

按照风险造成的后果，将152条配网现场作业风险总结归纳为10类，包括触电、坠落、外力外物致伤、误操作、中毒、窒息、交通意外、供电纠纷、环境污染、设备损坏，如图5－2所示。

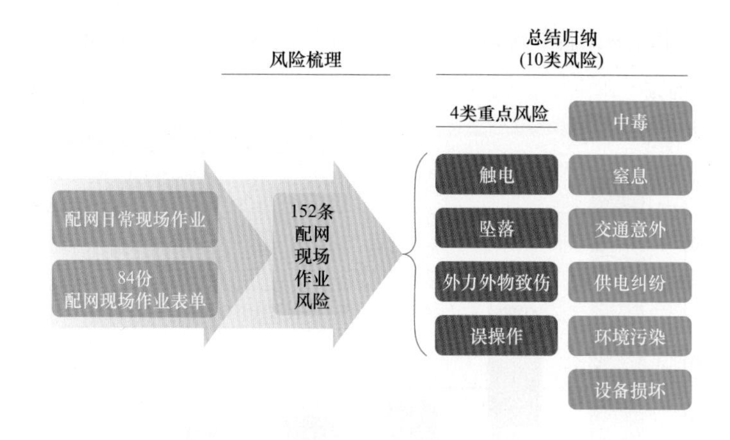

图5－2 配网现场作业风险归类

根据配网事故统计情况对造成配网恶性事故的4类重点风险（触电、坠落、外力外物致伤、误操作）进行风险来源分析，并制定预控措施。

三、配网现场作业重点风险分析

1. 触电

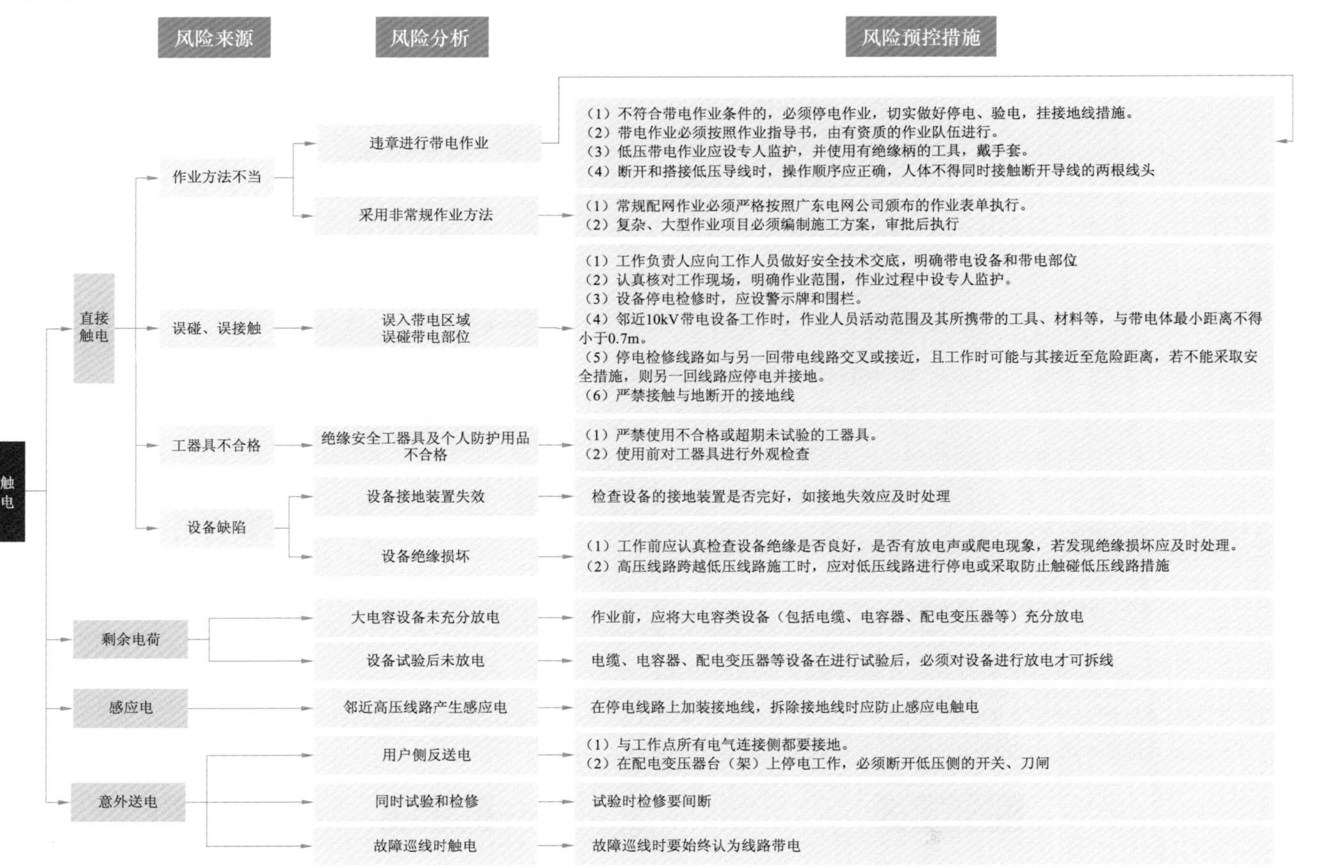
风险来源
风险分析
风险预控措施
触电
直接触电
作业方法不当
违章进行带电作业
（1）不符合带电作业条件的，必须停电作业，切实做好停电、验电，挂接地线措施。
（2）带电作业必须按照作业指导书，由有资质的作业队伍进行。
（3）低压带电作业应设专人监护，并使用有绝缘柄的工具，戴手套。
（4）断开和搭接低压导线时，操作顺序应正确，人体不得同时接触断开导线的两根线头
采用非常规作业方法
（1）常规配网作业必须严格按照广东电网公司颁布的作业表单执行。
（2）复杂、大型作业项目必须编制施工方案，审批后执行
误碰、误接触
误入带电区域
误碰带电部位
（1）工作负责人应向工作人员做好安全技术交底，明确带电设备和带电部位
（2）认真核对工作现场，明确作业范围，作业过程中设专人监护。
（3）设备停电检修时，应设警示牌和围栏。
（4）邻近10kV带电设备工作时，作业人员活动范围及其所携带的工具、材料等，与带电体最小距离不得小于0.7m。
（5）停电检修线路如与另一回带电线路交叉或接近，且工作时可能与其接近至危险距离，若不能采取安全措施，则另一回线路应停电并接地。
（6）严禁接触与地断开的接地线
工器具不合格
绝缘安全工器具及个人防护用品不合格
（1）严禁使用不合格或超期未试验的工器具。
（2）使用前对工器具进行外观检查
设备缺陷
设备接地装置失效
检查设备的接地装置是否完好，如接地失效应及时处理
设备绝缘损坏
（1）工作前应认真检查设备绝缘是否良好，是否有放电声或爬电现象，若发现绝缘损坏应及时处理。
（2）高压线路跨越低压线路施工时，应对低压线路进行停电或采取防止触碰低压线路措施
剩余电荷
大电容设备未充分放电
作业前，应将大电容类设备（包括电缆、电容器、配电变压器等）充分放电
设备试验后未放电
电缆、电容器、配电变压器等设备在进行试验后，必须对设备进行放电才可拆线
感应电
邻近高压线路产生感应电
在停电线路上加装接地线，拆除接地线时应防止感应电触电
意外送电
用户侧反送电
（1）与工作点所有电气连接侧都要接地。
（2）在配电变压器台（架）上停电工作，必须断开低压侧的开关、刀闸
同时试验和检修
试验时检修要间断
故障巡线时触电
故障巡线时要始终认为线路带电

2. 坠落

风险分析
风险来源
风险预控措施
坠落
高空坠落
杆（塔）/台架
登杆前未检查杆根、杆身、拉线和登杆工具
（1）混凝土电杆根部，在地面以上至1m范围，出现宽度大于1.5mm的裂缝严禁上杆。
（2）新立电杆在杆基未完全牢固前严禁上杆。
（3）下列情况应做好防倒杆措施：电杆埋深小于1/6杆长；电杆杆根不牢固，有松动；电杆杆根出现裂缝；导地线弧垂过大，或拉线出现松弛现象；电杆出现倾斜。
（4）登杆前要对登杆工具进行外观检查，登杆工具应试验合格并在有效期内
未按规定登爬杆塔
（1）攀登杆塔脚钉时，应检查脚钉是否牢固。
（2）高处作业人员上下铁塔应沿脚钉或爬梯攀登，不得沿单根构件上爬或下滑。
（3）严禁利用拉线或绳索上下杆塔或顺杆下滑
未采取有效的防倒杆措施
（1）电杆杆根不牢固的，应进行培土加固，夯实电杆基础，必要时进行围桩加固。
（2）必须打好临时拉线（拉绳），才能进行导、地线的紧线、撤线。严禁采用突然剪断导、地线方法松线。
（3）杆塔有人作业时，严禁调整或拆除拉线
高空作业未系安全带
（1）必须戴安全帽和使用安全带，安全带应系在杆塔及牢固的构件上，系安全带后必须检查扣环是否扣牢。
（2）杆（塔）作业转位时不得失去安全保护
恶劣天气登杆（塔）作业
不应在雷雨或5级以上大风天气登杆（塔）作业
梯子
使用前未检查
检查梯子是否坚固完整，梯脚是否装防滑套、绑牢
梯子未可靠固定
梯子要有人扶持或绑牢
高空作业车（作业平台）
停车位置不稳固
选择合适的停车位置，调整支腿，保证车辆底盘水平稳固
车斗负载过重
车斗放置的设备和材料不得超过安全负荷
作业平台未设置防护栏
作业平台应设置防护栏杆，工作台面应防滑
高空作业未系安全带
必须系好安全带，戴好安全帽
恶劣天气作业
不应在雷雨或5级以上大风天气作业
电缆沟（井）、杆（塔）坑
电缆沟（井）、杆（塔）坑未设围栏
电缆沟（井）、杆（塔）坑应设置坑盖或可靠围栏，夜间应挂红灯

3. 外力外物致伤

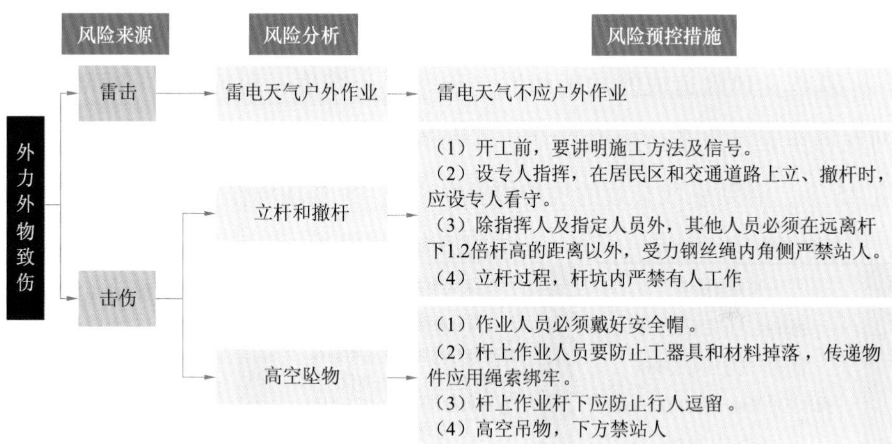

4. 误操作

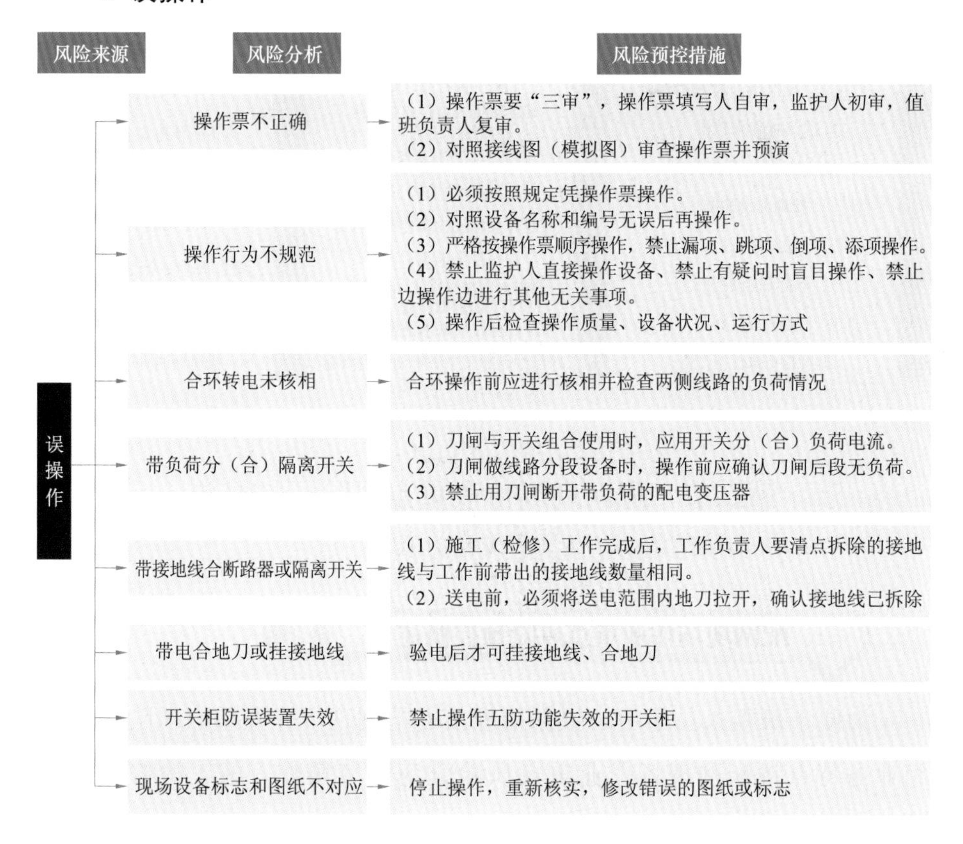

四、配网现场作业重点风险评估

从作业风险造成的危害和发生频率两个维度，对梳理出的152条配网现场作业风险进行全面评估，其中风险危害大，发生频率高的风险共有45个，必须采取有效的预控措施防范这45个现场作业重点风险。

电气操作重点风险十五个		施工检修重点风险十七个		巡视维护重点风险十三个	
01	未凭票操作	01	未凭票、表单工作	01	未凭票、表单工作
02	操作柱上开关站正下方	02	高空吊物人站在下方	02	单人巡线攀登电杆塔
03	雷雨天气进行电气操作	03	更换导线时，突然剪断线	03	接触与地断开的接地线
04	操作五防功能不完善的开关柜	04	带电设备、带电部位、作业风险和作业范围不明确	04	巡线时擅自通过不明深浅河流
05	未检查工器具	05	停电后没有验电	05	事故巡线时认为线路不带电
06	未核对名称、编号、位置与运行方式	06	作业过程没有监护	06	单人夜间巡线
07	操作高压刀闸前，未核开关位置	07	工器具和个人防护用品使用不当	07	单人电气测量
08	独立刀闸操作，未核电流	08	未检查所有电气连接侧接地	08	未正确使用安全工器具
09	合环操作未核相	09	同时开展试验、检修	09	与带电体安全距离不足
10	没有检查SF6开关压力	10	邻近带电线路作业至危险距离线路没有停电	10	带电间隔不清楚
11	接地前没验电	11	高空作业没有系安全带	11	擅自移动安全设施和标志
12	送电前没检查是否拆齐接地线	12	高空传物没有用工作绳	12	没有防止行人靠近断落在地面或悬在半空的导线
13	异常情况没汇报	13	登杆作业前没检查杆根和杆身	13	设备金属外壳漏电
14	监护不认真	14	识别带电电缆不准确		
15	调度指令执行不严格	15	恶劣天气没有停止高空作业和带电作业		
		16	杆上作业没有采取防倒杆措施		
		17	跨越线路施工未做好防触电措施		

第二节　配网现场作业重点风险预控措施

一、配网现场作业重点风险预控概述

为便于班组人员学习，根据梳理出的配网现场作业重点风险以及班组业务特点将配网现场作业重点风险分为电气操作、施工检修、巡视维护三类，并制定风险预控措施。

电气操作“十五个关键风险预控措施”	
一票	·凭票操作
三禁	·操作柱上开关禁站正下方 ·雷雨天气禁倒闸操作和换熔丝 ·五防功能不完善的开关柜禁操作
五核	·核查工器具 ·核对名称、编号、位置与运行方式 ·独立刀闸操作，先核电流5A以下 ·操作高压刀闸前，先核开关在分闸位置 ·合环操作先核相
六要	·SF6开关压力要检查 ·接地前，接地位置要验电 ·送电前，要拆齐接地线 ·异常情况要汇报 ·监护要认真 ·调度指令要严格执行

施工检修“十七个关键风险预控措施”	
一票	·凭票、表单工作
二禁 	·高空吊物下方禁站人 ·禁止突然剪断线
十四要	·要明确带电设备、带电部位、作业风险和作业范围 ·停电后要验电 ·作业过程要监护 ·安全工器具和个人防护用品要正确使用 ·所有电气连接侧都要接地 ·试验时检修要间断 ·邻近带电线路作业至危险距离线路要停电 ·高空作业要系安全带 ·高空传物要用工作绳 ·登杆作业前要检查杆根和杆身 ·识别带电电缆要准确 ·恶劣天气要停止高空作业和带电作业 ·杆上作业要按规定采取防倒杆措施 ·跨越线路施工要做好防触电措施

巡视维护“十三个关键风险预控措施”	
一票	·凭票、表单工作
三禁	·单人巡线禁止攀登电杆塔 ·禁止接触与地断开的接地线 ·巡线作业禁止涉水通过不明深浅河流
九要	·事故巡线要始终认为线路带电 ·夜间巡线要有两人 ·电气测量要有两人 ·安全工器具和个人防护用品要正确使用 ·与带电体距离要满足要求 ·带电间隔要清楚 ·移动安全设施和标志要批准 ·导线断落地面或悬在半空要防止行人靠近 ·要尽量避免触摸带电设备金属外壳

二、电气操作“十五个关键风险预控措施”

一票 1. 凭票操作

误操作、特别是恶性误操作将会导致人身伤亡、用户停电和设备损坏。

电气操作票是一系列相互关联、依次连续进行的电气操作依据。

无票操作可能会出现操作顺序错误、漏操作、误操作，只有操作票正确并严格执行，才能起到保证人身、设备和电网安全的作用，因此，电气操作必须凭票操作。

要保证操作正确必须对操作票进行“三审”，操作前“三对照”，操作中“三禁止”，操作后“三检查”。

“三审”	操作票填写人自审 监护人初审 值班负责人复审
“三对照”	对照操作任务和运行方式填写操作票 对照模拟图审查操作票并预演 对照设备名称和编号无误后再操作
“三禁止”	禁止监护人直接操作设备 禁止有疑问时盲目操作 禁止边操作边做其他无关事项
“三检查”	检查操作质量 检查运行方式 检查设备状况

案例 无凭票操作，造成用户停电

（1）事故经过。2002 年×月×日，××供电所运行人员在进行××开关站倒闸操作时，因遗漏了第 12 项和第 15 项两项操作，造成了变电站 10kV ××线跳闸，导致 860 个用户突然停电。

（2）原因分析。操作人员无视操作票规定，凭印象和主观意识进行操作。

（3）预控措施。

1）操作票要“三审”，操作票填写人自审，监护人初审，值班负责人复审。

2）对照接线图（模拟图）审查操作票并预演。

3）操作中必须按照操作票所列项目顺序逐项进行操作，不得跳项、漏项、倒项、添项操作。

三禁 2. 操作柱上开关禁站正下方

操作柱上开关时，可能因开关的开断能力不足，造成操作过程中开关爆炸，或因开关机构缺陷导致部件跌落，造成开关正下方操作人员伤害事故。

案例 操作机构陈旧，操作时掉落伤人

（1）事故经过。×局运维一班在执行一项柱上开关操作任务时，该开关较长时间未作操作，操作机构陈旧，在操作时，操作手柄突然掉落，由于操作人员面向上方，站在开关正下面，来不及闪避，造成操作人员面部较重的伤害。

（2）原因分析。操作人员操作柱上开关时，站在开关的正下方操作，由于操作机构陈旧掉落操作手柄导致人员重伤。

（3）预控措施。操作人员在操作柱上开关时，禁止站在开关的正下方操作。

三禁 3. 雷雨天气禁倒闸操作和换熔丝

雷电会对户外操作人员直接造成雷击伤害，雷电也会对设备造成损坏，从而对在设备附近操作的人员造成间接伤害。

操作过程中，要注意异常气象，雷雨天气时禁止操作。

案例 雷雨天气操作致人员重伤

（1）事故经过。2008年×月×日，××供电所张×和王×在户外进行10kV柱上开关停电操作时，突遇雷雨天气，未按规定停止操作，操作过程中雷击开关，造成开关爆炸，碎片击中张×造成重伤。

（2）原因分析。操作过程中，雷击造成开关爆炸，致操作人员重伤。

（3）预控措施。操作过程中，要注意异常气象，雷雨天气时禁止操作。

三禁 4. 五防功能不完善的开关柜禁操作

配电运行单位必须对存在五防缺陷的配电设备及时处理。操作前应检查核对配电柜五防装置运行状况。日常巡视应检查五防装置是否完好。

操作前要检查开关柜的五防装置是否完好，禁止操作五防功能失效的开关柜。

案例 操作五防功能不完善的开关柜，导致误分、合开关事故

（1）事故经过。2006年×月×日，××供电局运行人员对10kV××线进行停电检修。操作人员张×未发现10kV ××配电房开关柜五防功能已失效，又未认真核对设备名称、编号、位置，误合上已停电检修的G2柜开关，造成带地刀合闸恶性误操作事故。

（2）原因分析。

1）操作前未检查开关柜五防装置是否完善，擅自操作五防功能失效的开关柜。

2）操作人员未认真核对设备名称、编号、位置，最终导致带地刀合闸事故。

（3）预控措施。禁止操作五防失效的开关柜。

五核 5. 核查工器具

为防止作业人员触电，作业前应对使用的安全工器具按照相应工器具的使用规范对试验合格证、性能、外观进行检查。

案例 未核查工器具，造成设备事故

（1）事故经过。1991 年×月×日，××配电所人员在执行操作任务时，未认真检查验电器是否完好，就开始进行操作。挂接地线前验电时，本应在带电设备上检验验电器性能是否完好，再在已停电的设备上验电，才能确认设备已无电压。但操作人员未按规定进行检验，以致验电器声光信号的缺陷未被发现。在验电时，操作人员见无声光信号，误认为设备已停电。当进行挂接地线的操作时，发生接地短路。

（2）原因分析。使用验电器前，没对验电器的性能进行检查。

（3）预控措施。

1）验电前，应检查验电器的工作电压与被测设备的额定电压是否相符。

2）检验有效试验期是否超期。

3）使用验电器的自检装置检查指示器的声光信号是否正常。

五核 6. 核对名称、编号、位置与运行方式

在进行每项操作前，必须对设备名称、编号、位置与运行方式进行核对。

案例 未核对设备名称、编号、位置，造成带地刀送电

（1）事故经过。2009 年 × 月 × 日，× × 供电局操作班李 ×、张 × 在执行送电操作时，在拉开接地刀闸时，没核对开关的名称、位置，凭印象对其中一个开关柜进行操作，误拉开了旁边的接地刀闸。操作人认为已正确完成操作，而监护人又没有认真复核设备名称、位置。操作完毕，向调度员报告工作完毕，可以恢复送电。结果导致线路带接地刀闸合开关的恶性电气误操作事故。

（2）原因分析。

1）由于操作人未认真核对被操作设备名称位置，走错间隔，错误地拉开另一间隔接地刀闸，需拉开的接地刀闸仍在合上位置，造成事故。

2）监护人监护失职，没有认真复核设备名称、位置；未能及时发现操作人员走错间隔、操作后未认真核对设备情况就通知调度送电。

（3）预控措施。进行设备倒闸操作时，应核对设备名称、编号、位置与运行方式。

五核 7. 独立刀闸操作，先核电流5A以下

在利用隔离刀闸分（合）10kV空载线路前，应对线路的空载电流进行测算，按规定隔离刀闸只能分（合）不超过5A的线路容性电流。

当刀闸作为线路分段设备且后段线路较长，在进行刀闸操作时，应对线路空载电流进行测算，必要时先切断上一级电源，严禁不经核算擅自拉刀闸停电。

案例 擅自拉刀闸停电，致操作人员灼伤

（1）事故经过。2004年×月×日，王×擅自拉开空载运行的10kV水电线林场支线01号杆刀闸，准备对该支线后段22号杆变压器引落线夹进行检修时，因架空线路长，容性电流大，以致在操作刀闸时，造成刀闸抢弧，致面部轻度灼伤。

（2）原因分析。因空载运行的架空线路长，电容电流大，王×在线路未停电情况下，拉开刀闸，造成抢弧事故发生。

（3）预控措施。当刀闸作为线路分段设备且后段线路较长，在进行刀闸操作时，应对线路空载电流进行测算，必要时先切断上一级电源，严禁不经核算擅自拉刀闸停电。

五核 8. 操作高压刀闸前，先核开关在分闸位置

带负荷分（合）刀闸是恶性误操作，严重时会导致人身伤亡事故。

刀闸不能分（合）正常的负荷电流，只能在开关切断负荷电流以后，再分（合）刀闸。如果用刀闸直接分（合）负荷电流，将引起弧光短路，造成人身伤害和设备损坏事故。

（1）操作刀闸前，必须认真核对开关在分闸位置。

（2）刀闸与开关组合使用时，应用开关分（合）负荷电流。

（3）刀闸做线路分段设备时，操作前应确认刀闸后段无负荷。

（4）禁止用刀闸断开带负荷的配电变压器。

案例 操作刀闸前，未核开关在分闸的位置，造成人员灼伤

（1）事故经过。2005年×月×日，×县供电局配电运行人员按计划进行10kV电容柜中1号电容器的C1开关及电容器本体预试和检

修工作。运行人员在进行10kV电容柜停电操作时，操作人员未发现该柜总开关因故障未正常分闸，也未认真核实开关是否处在分闸位置，当操作至操作票第三项“拉开10kV 1号电容器C13刀闸”时，发生了弧光短路，造成操作人员灼伤。

（2）原因分析。刀闸操作前，未认真核对开关的情况，造成人员灼伤。

（3）预控措施。

1）操作刀闸前，必须认真核对开关在分闸位置。

2）刀闸与开关组合使用时，应用开关分（合）负荷电流。

3）刀闸做线路分段设备时，操作前应确认刀闸后段无负荷。

4）禁止用刀闸断开带负荷的配电变压器。

五核 9. 合环操作先核相

电网合环运行要求合环点两侧相位必须一致，电压差、相位角应符合允许规定范围，首次合环时，必须对合环点进行一次核相。若相位不同的10kV线路合环将产生很大的相间短路电流，巨大的短路电流会造成电气设备损坏。

（1）首次合环操作前必须进行一次核相，线路改造后送电前必须进行一次核相。

（2）合环操作前应进行核相并检查两侧线路的负荷情况。

案例 合环操作未先核相，两线路同时失电

（1）事故经过。2007 年×月×日，××供电公司计划对 10kV 城江线 10 号杆后段线路 30 ～ 45 号进行改造，在合环操作合上 110kV ××变电站的 10kV 市中线与 110kV ××变电站的 10kV 城江线之间的 170 联络柱上开关时，导致 170 联络柱上开关短路烧毁，城江线与市中线跳闸，重合不成功。

（2）原因分析。作业人员在操作前未对合环线路进行核相，造成合环时 B－C 相间短路的严重后果。

（3）预控措施。首次合环操作前必须进行一次核相，线路改造后送电前必须进行一次核相；只有满足合环条件的线路方可进行合环操作。

六要 10. SF_6 开关压力要检查

操作前，应首先检查 SF_6 压力表的指示值是否符合要求。在进行电气操作时，SF_6 气体压力不得低于允许值范围，否则易引起严重设备事故。

操作前必须认真检查 SF_6 开关压力表，当低于允许值范围时禁止操作。

案例 SF_6开关气体压力不足，合闸导致设备损坏

（1）事故经过。2005年×月×日，××供电所操作人李×、操作监护人黄×在接到调度对10kV桥东开关柜G03开关由检修状态转为运行状态的命令后，李×、黄×均未认真检查G03开关SF_6压力表的指示值，即进行操作。当时G03开关SF_6气体泄漏，压力低于允许值范围操作时，10kV桥东开关柜G03开关爆炸，引起变电站10kV线路开关跳闸。

（2）原因分析。操作人李×、操作监护人黄×操作前未认真检查G03开关SF_6压力表的指示情况。

（3）预控措施。

1）操作前必须认真检查SF_6开关压力表，当低于允许值范围时禁止操作。

2）加强开关的定期检查维护工作，确保开关本体和操作机构完好可靠。

六要 11. 接地前，接地位置要验电

接地前，如未在接地位置验明三相确无电压，可能导致带电装地线（合地刀），造成人身伤亡事故。

（1）在进行接地操作前，应在接地位置进行验电，防止带电合地刀（装接地线）。

（2）若接地位置无法直接验电，可进行间接验电，即通过设备的机械指示位置、电气指示、带电显示装置、仪表和各种遥测、遥信等信号的变化来判断。判断时应有两个及以上的指示，且所有指示均已同时发生对应变化，才能确认设备已无电。

（3）挂接地线前用相应电压等级的验电器在接地位置进行三相验电，且必须严格按照“先挂下层、后挂上层”的顺序。

案例 挂接地线时顺序不正确，导致触电死亡

（1）事故经过。2002年×月×日，××供电局按计划对10kV东口线等线路进行登杆检修工作，10kV东口线与坑山线同杆架设，工作人员在挂接地线时，先挂上层10kV东口线路接地线时，因下层坑山线用户反送电，导致工作人员触电身亡。

（2）原因分析。工作人员违反《电业安全工作规程》要求，挂接地线时，先挂上层、后挂下层。

（3）预控措施。挂接地线前用相应电压等级的验电器在接地位置进行三相验电，且必须严格按照“先挂下层、后挂上层”的顺序。

六要 12. 送电前，要拆齐接地线

带地线（地刀）送电是恶性误操作，可能造成开关爆炸，对操作人员造成人身伤害。

在送电操作前，要按照《线路作业接地线使用登记管理表》认真核对工作班组接地线拆除情况，确认所有接地线都已拆除收回，并向调度报告，得到批准后方可操作。

案例 带接地线送电，造成线路跳闸

（1）事故经过。2007 年 × 月 × 日，× × 供电所进行 10kV × × 线停电线路改造工作，工作班组按工作票要求在新村台区配电变压器高压侧装设一组接地线，工作结束后，操作人冯 ×、操作监护人李 × 在接到调度对 10kV × × 线由检修状态转为运行状态的命令后，未与调度核对，也未现场核对接地线拆除及收回情况，即进行操作，造成带地线送电的恶性误操作事故。

（2）原因分析。操作人员在执行操作过程中，未现场核对接地线是否全部拆除并收回，即视为工作结束而进行操作，是造成带地线送电的恶性误操作事故的主要原因。

（3）预控措施。在送电操作前，要按照“线路作业接地线使用登记管理表”认真核对工作班组接地线拆除情况，确认所有接地线都已拆除收回，并向调度报告，得到批准后方可操作。

六要 13. 异常情况要汇报

操作中发现设备存在缺陷，不得擅自盲目处理，应及时汇报，如不及时汇报并处理缺陷，将会影响设备正常运行。

（1）操作中如发现危及人身安全、操作任务不明确、设备存在缺陷的异常情况，应及时汇报配网运行值班负责人。

（2）操作中发生事故时，应立即停止操作，并及时汇报部门负责人和当值调度员。

案例 异常情况不汇报，擅自处理出事故

（1）事故经过。2006 年 × 月 × 日，× 供电所运行人员执行操作任务，在检查 10kV ××线××支线 2 号刀闸是否在合闸位置时，发现刀闸 C 相合闸不到位，运行人员没有马上向调度员和所长汇报，而是擅自登杆处理缺陷，由于安全距离不足，误碰带电设备，造成人身伤亡事故。

（2）原因分析。运行人员发现异常情况没有马上汇报，而是擅自处理缺陷是造成事故的主要原因。

（3）预控措施。在操作过程中如发现危及人身安全、操作任务不明确、设备存在缺陷的异常情况，应及时汇报调度和配网运行值班负责人，并停止操作，在确保安全处理完缺陷后，再重新办理操作票进行操作。

六要 14. 监护要认真

监护人要切实履行监护职责，如未认真监护，可能导致操作人违章操作，造成人身伤亡事故。

（1）监护人必须在操作现场履行监护职责，及时制止违章行为。

（2）禁止监护人直接操作设备。

（3）操作监护人应有良好精神状态并严格执行唱票。

（4）监护人的位置必须清楚看到操作人行为和设备情况。

案例 失去监护误操作，恶性违章酿事故

（1）事故经过。2009年×月×日，××供电局操作人员在××开关房内天河F9进线电缆A、C相加装TA工作结束后送电时，操作人何×发现未拿操作手柄，马上暂停操作转身去房内的操作工具箱取操作手柄。何×转回来操作时，没有重新核对设备名称、位置就进行操作（此时监护人王×正低头填写操作票记录），导致走错位置，误拉开了相邻开关柜的接地刀闸（该开关柜已退运，处于检修状态，即接地刀闸在合闸位置），造成带接地刀送电恶性误操作。

（2）原因分析。监护人不认真监护，导致违章作业未得到制止。

（3）预控措施。监护人必须在操作现场履行监护职责，及时制止违章行为。

六要 15. 调度指令要严格执行

操作人员必须严格执行调度命令，在接到调度下达的操作指令并复诵无误后才能进行倒闸操作，严禁约时停、送电。

多回线路同时停电施工时，不遵守调度指令可能导致误操作，将停电检修施工的线路送电，造成施工人员人身伤亡事故。

案例 擅自操作导致人身死亡事故

（1）事故经过。2007 年×月×日，施工单位在 10kV ××线进行检修，操作人黄×、监护人周×在不清楚工作票是否结束和未得到当值调度下令操作的情况下，即按照预计送电时间执行送电操作，导致施工人员触电身亡事故。

（2）原因分析。操作人员未经调度命令而操作，造成仍在线路检修的施工人员触电身亡事故。

（3）预控措施。

1）严格执行调度命令。

2）严禁约时停、送电。

三、施工检修“十七个关键风险预控措施”

一票 1. 凭票、表单操作

工作票和操作票是保证作业人员安全的重要措施，无票工作导致发生的安全事故屡见不鲜，在血的教训面前，必须加强凭票工作。

作业表单是针对具体检修项目而制定的具有指导发起施工和完成作业内容的功能表，是检修工作安全、高效的有力保证。施工检修作业必须要凭票、表单工作。

案例 无票自行作业，触电死亡

（1）事故经过。2006年×月×日，××供电分公司检修班娄×按计划对某台区变压器低压隔离开关检修后，送电时，发现该变压器低压侧跌落式熔断器C相（右边相）合不上；于是娄×从车上取下梯子，在变压器没有停电的情况下，从右侧登上变压器台，在未穿绝缘鞋、未戴绝缘手套、未系安全带的情况下，登上变压器台左手抓住二次铁横担，右手握着带绝缘柄的钳子夹着C相刀身合闸环去合C相跌落式熔断器。因不小心碰触带电部位触电，经抢救无效死亡。

（2）原因分析。

1）自行作业，未办理工作票，也未执行作业表单。

2）没有按规定使用劳动防护用品和安全用具。

（3）预控措施。作业时应凭票、表单工作。

二禁 2. 高空吊物下方禁站人

高空吊物时，物件下方严禁站人或通过，以防坠物伤人。

开始吊装时，除指定人员外，工作负责人必须将其他人员清离作业区。同时作好监护和统一指挥，吊物及吊臂下严禁站人或穿行。

案例 塔材坠落，造成1人死亡

（1）事故经过。2005年×月×日，黑龙江×施工队在进行吊装铁塔时，钢丝绳断裂，塔材从5m高处坠落，刚好砸在塔基下作地勤工作的王×，王×经抢救无效死亡。

（2）原因分析。吊装杆塔时，王×站在吊物下。

（3）预控措施。开始吊装时，除指定人员外，工作负责人必须将其他人员清离作业区。同时作好监护和统一指挥，吊物及吊臂下严禁站人或穿行。

二禁 3. 禁止突然剪断线

突然剪断导线会破坏杆塔受力平衡，可能导致倒杆倒塔事故，甚至还会发生人身伤亡事故。

（1）拆除旧线路或更换旧导线时，严禁采取突然剪断导、地线的方法进行撤线。

（2）撤线时应设专人指挥；严禁采用突然剪断导线方法进行撤线。

（3）撤线应对受力杆塔进行加固，必要时加装反向临时拉线，撤线时应采用紧线器缓慢放线。

案例 突然剪断线，杆断人也亡

（1）事故经过。2003 年 × 月 × 日，在湖北省 × ×10kV 线路 5 ～ 20 号杆旧线路拆除工程中，施工人员采取剪断导线的方法进行撤线，致使 15 号杆从杆根处折断，杆上人员邓 × 随杆坠落死亡。

（2）原因分析。施工人员采取突然剪断导线的方法进行撤线，导致杆断人亡。

（3）预控措施。

1）撤线时应设专人指挥，严禁采用突然剪断导线方法进行撤线。

2）撤线应对受力杆塔进行加固，必要时加装反向临时拉线，撤线时应采用紧线器缓慢放线。

十四要 4. 要明确带电设备、带电部位、作业风险和作业范围

未向工作负责人和班组成员进行安全技术交底，明确带电设备、带电部位、作业风险和作业范围，可能导致误入带电间隔或误碰带电设备，造成人员伤亡。

（1）完成工作许可手续后，工作许可人必须向工作负责人进行安全技术交底，明确带电设备、作业范围和工作内容，方许可开始工作。

（2）进入施工现场作业前，工作负责人必须向班组成员进行安全技术交底，交代现场安全措施、带电部位和其他注意事项。

（3）未经许可，严禁进入施工现场进行作业。

案例 盲目糊涂干工作，误登带电杆塔致身亡

（1）事故经过。2000年×月×日，××供电局检修班组对10kV××线进行停电施工，工作班成员王×在尚未办理工作许可手续，也未了解作业范围和带电设备的情况下，擅自登上杆塔进行作业，导致触电死亡。

（2）原因分析。在未进行安全技术交底、未明确带电设备和作业范围的情况下，擅自登上带电杆塔进行作业，是导致本次事故发生的主要原因。

（3）预控措施。

1）开工前完成现场安全措施后，工作许可人必须向工作负责人进行安全技术交底，明确带电设备、作业范围和工作内容，才能许可工作。

2）进入施工现场作业前，工作负责人必须向工作班成员进行安全技术交底，交代现场安全措施、带电部位和其他注意事项。

3）未经许可，严禁进入施工现场进行作业。

十四要 5. 停电后要验电

接地前，如未在接地位置验明三相确无电压，可能导致带电装地线（合地刀）的恶性误操作，并造成人身伤亡事故。

严格按照《电业安全工作规程》规定：

（1）在停电线路工作地段装设接地线前，要先验电，验明线路确无电压。

（2）验电时要用合格的相应电压等级的专用验电器。

（3）验电时，应戴绝缘手套，并有专人监护。

案例 接地未验电，挂错地线致人灼伤

（1）事故经过。2002年×月×日，××施工队对10kV白山线（与10kV唐河线同杆架设）进行停电检修时，工作负责人安排张×对

10kV白山线进行验电接地，张×未辨识带电线路，也未对线路进行验电就装设接地线，造成10kV唐河线带电挂接地线恶性误操作事故，导致张×被电弧灼伤。

（2）原因分析。挂接地线前未对线路进行验电是本次恶性误操作事故发生的原因。

（3）预控措施。装设接地线前必须对线路进行验电，验明确无电压后方可接地。

十四要 6. 作业过程要监护

在作业过程中如果失去监护，作业人员的违章行为未能及时被发现和纠正，将有可能导致人身伤亡事故的发生。

（1）工作负责人（监护人）必须始终在工作现场，对工作班组人员的作业行为进行认真监护，及时纠正不安全的动作。

（2）对有触电危险、施工复杂容易发生事故的工作，应增设专人监护。

（3）专职监护人不得兼任其他工作。

案例 失去监护，导致人员坠落死亡

（1）事故经过。2001年×月×日，××供电所对10kV ××线进行故障抢修，工作负责人对抢修工作进行人员分工后，在未指定专责监护人的情况下，擅自离开抢修现场返回仓库领取抢修材料。班员刘×在工作过程中未系安全带且失去监护，在进行高空转位时失足坠落，经抢救无效死亡。

（2）原因分析。工作负责人（监护人）未履行监护职责，未能及时发现并纠正员工的违章行为是本次事故发生的主要原因。

（3）预控措施。

1）工作负责人（监护人）必须始终在工作现场，对工作班组人员安全认真监护，及时纠正不安全的动作。

2）对有触电危险、施工复杂容易发生事故的工作，应增设专人监护。

3）专责监护人不得兼任其他工作。

十四要 7. 安全工器具和个人防护用品要正确使用

在工作中，为了防止工作人员触电、坠落、电弧灼伤等工伤事故，工作人员应正确使用绝缘安全用具。

案例 升降板使用不正确，高处坠落事故

（1）事故经过。1996年×月×日，××县电业局线路班进行35kV线路检修，工作人员使用升降板上下电杆进行作业。有一名工作

人员在用升降板下杆的过程中，由于使用方法不当，上下两个板的间距过大，当用双手去摘上板的挂钩时，身体失去平衡，该工人从8m多高处坠落到地面，造成颈椎骨折的严重伤害。

（2）原因分析。升降板下杆的过程中，使用方法不当。

（3）预控措施。应正确使用升降板。

十四要 8. 所有电气连接侧都要接地

为防止感应电、倒供电、误送电造成施工或检修人员触电伤害，工作地点的所有电气连接侧都要接地。

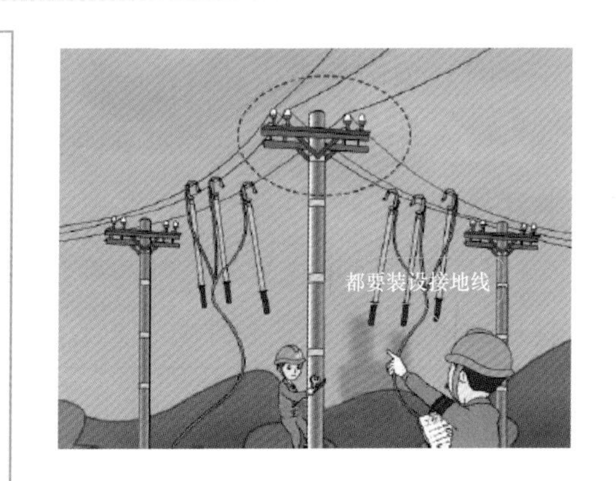

（1）工作许可后，各工作班在工作地段所有电气连接侧都要验电、装设工作接地线。

（2）工作接地线应全部列入工作票，工作负责人应确认所有工作接地线均已装设完成方可宣布开工。

案例 接地线装设不齐全，导致触电伤亡事故

（1）事故经过。2001年×月×日，××供电所值班长孙×（工作负责人）、职工吴×、丁×三人对10kV ××线用户反映的缺相运行问题进行故障抢修工作。工作许可后，丁×在验明线路三相确无电压后，将接地线装设在线路电源侧（即31号杆小号侧），负荷侧和分支

线上无装设接地线，丁×将电源侧烧断的引流线剪断，准备用新导线和并钩线夹对烧断的A相引流线进行搭接时发生触电，导致死亡。

（2）原因分析。现场工作人员仅在10kV ××线电源侧（31号杆小号侧）装设一组接地线，未在31号杆大号侧和分支线上装设接地线，工作地点未形成封闭接地。当用户自备发电机反送电时，导致工作人员触电。

（3）预控措施。

1）工作许可后，工作班在工作地段所有电气连接侧都要验电、装设接地线。

2）工作接地线应全部列入工作票，工作负责人应确认所有工作接地线均已装设完成方可宣布开工。

☆ 十四要 9. 试验时检修要间断

设备在施工或检修过程需要进行试验时，为防止试验加压中造成施工或检修人员触电伤害，必须将施工或检修的工作票间断。严格执行《电业安全工作规程》和“两票”相关规定，设备在施工或检修过程需要进行试验时，必须对施工的工作票进行间断，暂停施工作业。

案例 电缆试验时施工未间断，造成人身伤亡事故

（1）事故经过。××高压试验班在施工中间进行10kV电缆试验。施工人员在登上被试验电缆另一侧（加压对侧）的电杆时触电死亡。

（2）原因分析。在施工中间进行10kV电缆试验，施工的工作票未间断暂停施工作业。造成施工人员误触碰带电电缆触电死亡。

（3）预控措施。认真执行《电业安全工作规程》和“两票”相关规定，设备在施工或检修过程需要进行试验时，必须对施工的工作票进行间断，暂停施工作业。

十四要 10. 邻近带电线路作业至危险距离线路要停电

作业人员的活动范围及其所携带的工具、材料等不能确保与带电体保持最小安全距离时，应将带电设备停电，如盲目作业，就会发生人身触电伤亡事故。

（1）在与10kV带电设备不能保持大于0.7m的安全距离时，应申请停电办理工作票后，才能开展作业。

（2）在杆塔上进行工作时，严禁进入带电侧的横担，或在该侧横担上放置任何物件。分组工作时，每个小组应指定小组负责人（监护人）。

案例 距离不足油铁塔，导致放电灼伤

（1）事故经过。2004年×月×日，××供电局施工人员进行10kV铁塔油漆工作，由于需要到距离带电导线不足0.7m的位置进行作业，但工作负责人在没有申请停电办理工作票的情况下，安排两名施工人员冒险对塔头进行油漆，结果因放电灼伤坠落。

（2）原因分析。工作负责人在安全距离不足的情况下，未办理停电工作票。

（3）预控措施。

1）在与10kV带电设备不能保持大于0.7m的安全距离时，应办理停电工作票，经许可后才能开展作业。

2）在杆塔上进行工作时，严禁进入带电侧的横担，或在该侧横担上放置任何物件。分组工作时，每个小组应指定小组负责人（监护人）。

十四要 11. 高空作业要求系安全带

高空作业人员会因精神不集中、意外踏空等原因从高处坠落。在杆塔高空作业时，采用有后背绳的双保险安全带，人员在转位时，手扶的构件牢固，且不得失去后背保护绳的保护。

（1）必须戴安全帽和使用安全带，安全带应系在杆塔及牢固的构件上，系安全带后必须检查扣环是否扣牢。

（2）杆（塔）作业转位时不得失去安全保护。

案例 高空坠落人身死亡事故

（1）事故经过。2003 年×月×日，××供电公司在 10kV ××线停电检修，符×、蒙×在 100 号杆（耐张）进行 C 相绝缘子串更换时，跨坐在绝缘子上工作的蒙×面向横担方向收紧紧线器，操作完成后，便解开系绕在一串瓷瓶和紧线器上的安全带进行移位，在后退过程中突然失去平衡从绝缘子串上坠落地面，经抢救无效死亡。

（2）原因分析。蒙×违反《电业安全工作规程》（电力线路部分）第 85 条中"在杆塔上作业转位时，不得失去安全带保护"这一规定，转位时解开了安全带，失去安全带的保护，不慎失去平衡坠落死亡。

（3）预控措施。在杆塔高空作业时，采用有后背绳的双保险安全带，人员在转位时，手扶的构件牢固，且不得失去后背保护绳的保护。

☆十四要 12. 高空传物要用工作绳

高空作业人员在传递物件过程中，由于吊物绳绑扎物件不牢固，会造成掉物打击伤人。

（1）高处作业现场不应进行垂直交叉工作。

（2）作业人员必须戴好安全帽。

（3）杆上作业人员要防止工器具和材料掉落，传递物件应用绳索绑牢。

（4）杆上作业，杆下应防止行人逗留；高空吊物时，下方禁站人。

案例 高空坠物致一人受伤

(1) 事故经过。2006年×月×日，××施工队在10kV四回路施工过程中，刘×让塔上工作人员拆掉紧线器倒链。在松倒链时与铁塔横担相撞，紧线器从倒链钩内脱出，3.5kg的紧线器从高处落下，砸在地面工作的张×头上，造成其头部骨折、耳软骨裂、外伤缝合7针。

(2) 原因分析。

1) 高处作业使用施工工器具时未采取有效的防坠落措施。

2) 在高处作业现场，工作人员站在了作业处的垂直下方。

3) 杆塔上下垂直交叉作业时，未严格做到相互照应、密切配合，致使高空坠物伤人。

(3) 预控措施。

1) 高处作业现场不应进行垂直交叉工作。

2) 作业人员必须戴好安全帽。

3) 杆上作业人员要防止工器具和材料掉落，传递物件应用绳索绑牢。

4) 杆上作业，杆下应防止行人逗留；高空吊物时，下方禁站人。

十四要 13. 登杆作业前要检查杆根和杆身

检查杆根和杆身，是为了防止杆（塔）本身存在隐患登杆时发生事故，通过施工或检修作业人员登杆前的检查，及时发现隐患，避免发生倒杆等事故。

(1) 上杆前应检查杆根，电杆杆根不牢固的，应进行培土加固，夯实电杆基础，必要时进行围桩加固。

（2）新立电杆在杆基未完全牢固以前严禁上杆。

（3）混凝土电杆根部，在地面以上至1m范围，出现宽度大于1.5mm的横向裂缝严禁上杆。

案例 抢修过程中断杆，造成人身伤亡事故

（1）事故经过。2010年×月×日，××供电所检修班组处理××台区220V支线故障线段，龚×、梁×与周×对6号杆进行修复。梁×与周×先在6号杆小号侧反线行方向安装一组补强拉线，并调整外角拉线。在调整外角拉线中，龚×未检查杆根和杆身就登上6号杆，将安全带系在横担上，拆除6～7号杆导线。剪断导线后，龚×转身移位，此时杆向外角方向倾斜，随后断杆，电杆（离杆梢1.2m的位置）压住龚×胸部。龚×抢救无效死亡。

（2）原因分析。电杆受损严重，防倒、断杆措施不足，现场作业人员风险管控能力不足。

（3）预控措施。上杆前应检查杆根，电杆杆根不牢固的，应进行培土加固，夯实电杆基础，必要时进行围桩加固。下述情况严禁上杆：

1）新立电杆在杆基未完全牢固以前。

2）混凝土电杆根部，在地面以上至1m范围，出现宽度大于1.5mm的横向裂缝。

☆十四要 14. 识别带电电缆要准确

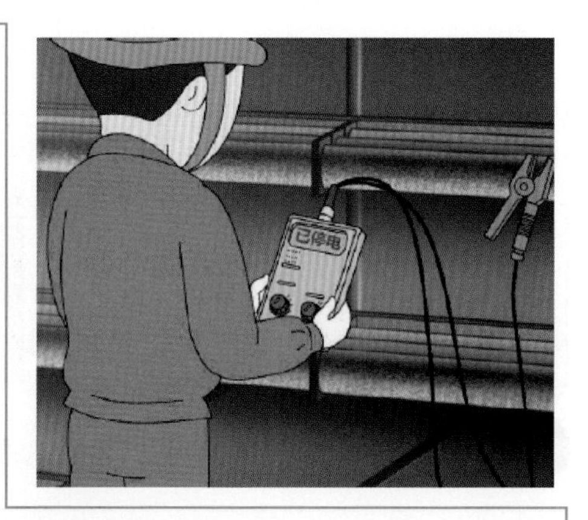

在同沟多回电缆检修需锯电缆时，为防止误锯电缆造成检修人员电弧灼伤或触电伤害，必须与电缆图纸核对是否相符，核对电缆标示牌，并确切证实电缆无电后，用接地的带木柄的铁钎钉入电缆芯后，方可工作。扶木柄的人应戴绝缘手套并站在绝缘垫上。

案例 带电电缆误识别事故

（1）事故经过。2003 年 × 月 × 日，× × 供电局对同沟 6 回电缆迁改施工，计划一天改迁一回电缆。任务是将电缆锯断后中间增加一段电缆并改变原电缆走向。施工人员通过电缆识别仪识别电缆（误判该电缆已停电）后，在锯电缆时发生电弧灼伤作业人员事故。

（2）原因分析。电缆识别仪是通过在停电电缆的一端加高频信号，另外一端接地，由作业人员手持设备寻找特定信号来加以识别电缆的。问题出在接地的一端电缆头是接在环网柜，使用的柜体本身的接地，致使信号是通过和柜体同为一个接地网的电缆铜辫子让该环网柜所有电缆全部带上信号，造成判断错误。导致了这次事故。

（3）预控措施。

1）严格执行《电业安全工作规程》，锯电缆以前，先用接地的带木柄的铁钎钉入电缆芯后，方可进行锯电缆工作。

2）提高作业人员对仪器使用的技能水平。

十四要 15. 恶劣天气要停止高空作业和带电作业

雷雨天气进行高空作业和带电作业，雷电会对作业人员直接造成雷击伤害。

雷电也会对设备造成损坏，从而对在设备上的作业人员造成触电伤害。

（1）在雨、雪、大风、雷电等恶劣天气时，应停止高空作业。

（2）带电作业应该在良好天气下进行。如遇雷、雨、雪、雾时，不得进行带电作业，风力大于5级及空气湿度大于90%时，也不得进行带电作业。

案例 雷雨天气冒险带电作业，工作人员遭雷击身亡

（1）事故经过。2009年×月×日，湖北××供电公司10kV线路带电接火，天空开始打雷，施工人员孙×、刘×、吴×一起商量后，决定在下雨前完成施工任务。正在接线时，忽然听到“哎呀”一声，刘×仰面倒在绝缘斗上，经抢救无效死亡。

（2）原因分析。工作人员在雷雨天气冒险进行高空作业和带电作业，导致工作人员遭雷击身亡。

（3）预控措施。

1）在雨、雪、大风、雷电等恶劣天气时，应停止高空作业。

2）带电作业应该在良好天气下进行。如遇雷、雨、雪、雾时，不得进行带电作业，风力大于5级及空气湿度大于90%时，也不得进行带电作业。

☆十四要 16. 杆上作业要按规定采取防倒杆措施

在杆（塔）上作业时，要采取防止倒杆（塔）的安全措施，避免发生倒杆（塔）事故对作业人员造成伤害。

（1）电杆杆根不牢固的，应进行培土加固，夯实电杆基础，必要时进行围桩加固。

（2）必须打好临时拉线（拉绳），才能进行导、地线的紧线、撤线。严禁采用突然剪断导、地线方法松线。

（3）杆塔有人作业时，严禁调整或拆除拉线。

案例 擅自调整拉线致人亡

（1）事故经过。2010年×月×日，××供电所检修班组处理10kV线路故障，喻×、梁×与周×为一组对6号杆进行故障绝缘子更换。梁×明知周×与喻×在杆上工作，仍擅自对拉线进行调整。由于操作不当造成倒杆，电杆压住喻×胸部，喻×经抢救无效死亡。

（2）原因分析。杆上有人作业时，擅自进行拉线调整，是造成倒杆事故的主要原因。

（3）预控措施。

1）电杆杆根不牢固的，应进行培土加固，夯实电杆基础，必要时进行围桩加固。

2）必须打好临时拉线（拉绳），才能进行导、地线的紧线、撤线。严禁采用突然剪断导、地线方法松线。

3）杆塔有人作业时，严禁调整或拆除拉线。

十四要 17. 跨越线路施工要做好防触电措施

跨越线路施工时，防触电措施不到位，容易发生直接或感应触电事故。跨越线路施工应做好以下预控措施：

（1）跨越施工时，若被跨越的线路带电，应做好隔离措施；所穿越的低压线、路灯线必须采取硬隔离措施或验电装设接地线后才能穿越。

（2）施工范围若与临近带电线路不够安全距离，则另一回线路也应停电并接地。

（3）如施工线段与35kV及以上的线路跨越或平行，应在跨越或平行段加装临时地线。

案例 感应电未防范，触电坠落致人亡

（1）事故经过。2000年×月×日，××供电局10kV ××线停电

更换1～18号水泥杆。10kV ××线5～6号杆导线上方与110kV ××线9～10号杆导线跨越。虽然在工作地段两端安装了接地线，但由于在交叉跨越处未加装防感应电的临时接地线，当李×登上10kV ××线5号杆进行作业时，被110kV ××线感应电击伤从高处摔下，经抢救无效死亡。

（2）原因分析。未按要求对交叉跨越段加装接地线，感应电伤人，致人坠落死亡。

（3）预控措施。

1）在施工地段如有交叉跨越或平行的35kV及以上线路，需在跨越段或平行段加装临时接地线，以防感应电伤人。

2）作业前，工作负责人必须向工作班人员交代清楚邻近、交叉跨越带电线路，所穿越的低压线、路灯线必须采取硬隔离措施或验电装设接地线后才能穿越。

四、巡视维护“十三个关键风险预控措施”

一票 1. 凭票、表单工作

工作票和操作票是保证安全的重要组织措施。

作业表单是针对具体巡视项目而制定的具有指导发起和有序完成作业内容的功能表，是巡视工作安全、高效的有力保证。巡视维护作业必须凭票、表单工作。

案例 无作业表单擅自处理树障险送命

（1）事故经过。2010年×月×日，××省一山区××县供电局陈×巡视到某山丘种植地时，发现一棵生长在10kV××线××支线136～137号杆土坡上方的速生桉树个头已超出线行高度，于是私自砍伐。因没有采取防倒向措施，砍伐时桉树突然倒向线行致线路对桉树放电，随即线路速断跳闸，陈×虚惊一场，幸好无人伤亡。

（2）原因分析。陈×贪图方便，未办理工作票，也未按作业表单对风险进行控制。

（3）预控措施。

1）严禁无票、表单作业。

2）为防止树木（树枝）倒落在导线上，应用绳索将其拉向与导线相反的方向。

3）砍剪的树木下面和倒树范围内应有专人监护，不得有人逗留，防止砸伤行人。

三禁 2. 单人巡线禁止攀登杆塔

单人巡线时，处理缺陷，特别是杆（塔）上作业，在无人监护的情况下，作业人员活动范围与带电线路设备距离难以保证，容易发生触电伤亡事故。

（1）严禁无票作业。

（2）单人巡线时，禁止攀登电杆和铁塔。

案例 单人巡线攀登铁塔死亡

（1）事故经过。1992年×月×日，××省一供电公司李×单人巡视时，发现10kV ××线39号塔下横担上有鸟巢，于是在无人监护的情况下，登塔捣鸟巢。在捣鸟巢时与10kV带电设备安全距离不足，李×触电从铁塔跌落到地上，造成死亡事故。

（2）原因分析。李×单人巡视在无人监护的情况下处理缺陷，违规作业。

（3）预控措施。单人巡线时，禁止攀登电杆和铁塔。

三禁 3. 禁止接触与地断开的接地线

测量接地电阻时，地线拆除后，人员没有戴绝缘手套接触与地断开的接地线或电气设备外壳，容易发生触电伤亡事故。

案例 接触与地断开的接地线造成右臂伤害

（1）事故经过。1996年×月×日，××县供电公司按工作计划开展公用配电变压器接地电阻的测量工作。运维班张×对×台式变压器进行测量作业，先戴着绝缘手套将接地线解开，然后脱下绝缘手套对接地电阻表进行接线，当接触对地端时，误碰与地断开的接地线，张×触电受伤，右臂麻痹剧痛。

(2) 原因分析。麻痹大意，对接地电阻表接线时，措施不当，误碰与地断开的接地线。

(3) 预控措施。采取措施，防止接触与地断开的接地线。

三禁 4. 巡线作业禁止涉水通过不明深浅河流

线路巡视时，不得为了图方便而走捷径，穿越不明深浅的水域，以免造成溺水事故。

过没有护栏的桥时，要尽量靠中间行走，小心防止落水。

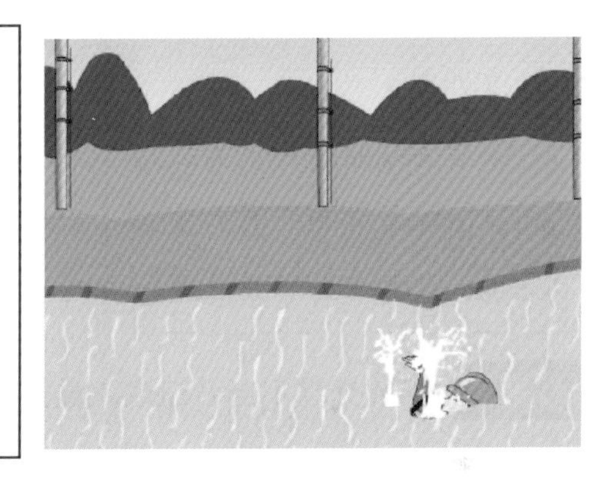

案例 擅自穿越不明河道，溺水身亡

(1) 事故经过。2007年×月×日，××供电所巡线人员张×和许×进行查线工作结束后，在返回途中，未走正常的巡线路线，而是贪图方便抄捷径，擅自穿越河道，造成1人溺水死亡事故。

(2) 原因分析。巡线人员擅自穿越不明深浅的河流，造成溺水身亡。

(3) 预控措施。

1) 巡视人员不得贪图方便趟游不明深浅的水域；如必须要过河，则要乘船或穿好救生衣。

2) 过没有护栏的桥时，要尽量靠中间行走，小心防止落水。

☆九要 5. 事故巡线要始终认为线路带电

事故跳闸后，线路处于热备用状态，随时都有送电的可能。若发现故障点，应将故障段线路转为检修状态后才能进行故障处理。

事故巡线要始终认为线路带电，故障段线路未转为检修状态前，严禁进行事故处理。

案例 事故处理不当，造成人员重伤

（1）事故经过。1990年×月×日，××供电公司10kV ××线过流跳闸后，检修班组人员分成3组对跳闸线路进行故障巡视。第2组发现65号杆台式变压器其中2个跌落式熔断器熔断管跌落，班组成员欧×立即登杆对配电变压器进行检查，当接触配电变压器套管时触电坠落，造成重伤。

（2）原因分析。事故跳闸，线路在热备用状态时进行事故处理，感应电造成人员触电，高空坠落。

（3）预控措施。事故巡线要始终认为线路带电，故障段线路未转为检修状态前，严禁进行事故处理。

☆九要 6. 夜间巡线要有两人

夜间巡线时易发生危险，单人夜间巡线时缺少照应，如发生意外未能及时救护，易造成人身伤害程度的进一步扩大。

（1）夜间巡线必须由两人进行，巡线时应沿线路外侧进行。

（2）事故巡线应始终认为线路带电，发现导线断落地面或悬吊空中，应保持与断线点 8m 以外的安全距离。

案例 单人夜巡遭蛇咬，求救无门见阎王

（1）事故经过。1998 年 × 月 × 日晚 22 时 10 分，× × 供电局 10kV × × 线发生接地故障，检修班人员李 × 独自一人对该线路进行故障巡查。李 × 在野外遭毒蛇咬伤，电话救助后，救护人员约两小时后到达事故现场对中毒伤者进行救护，因延误有效救护时间，伤者中毒太深，经抢救无效死亡。

（2）原因分析。单人夜间巡线遭受毒蛇咬伤，因救护不及时，导致死亡。

（3）预控措施。

1）夜间巡线必须由两人进行，巡线时应沿线路外侧进行。

2）事故巡线应始终认为线路带电，发现导线断落地面或悬吊空中，应保持与断线点 8m 以外的安全距离。

3）单人巡线时，禁止攀登电杆或铁塔。

九要 7. 电气测量要有两人

电气测量是危险性较高的一项工作，如无人监护，易发生异常或事故，造成设备损坏或人身伤亡。

（1）电气测量至少要由两人进行，一人操作，一人监护。

（2）测量人员必须了解仪表的性能、使用方法、正确接线，熟悉测量的安全措施。

案例 单独一人测量，误碰带电部位灼伤

（1）事故经过。2008 年×月×日，××供电所运维班张×独自一人用钳形电流表对某台区进行负荷测量。张×一边测量一边记录时，由于无人监护，误碰带电部位，发生触电灼伤事故。

（2）原因分析。张×独自一人开展测量工作，无人监护，是造成事故的主要原因。

（3）预控措施。

1）电气测量至少要两人进行，一人操作，一人监护。

2）测量人员必须了解仪表的性能、使用方法、正确接线，熟悉测量的安全措施。

九要 8. 安全工器具和个人防护用品要正确使用

在电力系统中，人们要从事不同的工作和进行不同的操作，为了防止工作人员触电、电弧灼伤等工伤事故，工作人员应正确使用安全工器具。

案例 未戴安全帽作业，杆上坠物酿事故

（1）事故经过。1988 年×月×日，××供电局检修班在一条 10kV 线路上进行停电检修工作，该工作人员上杆验完电以后，将验电器挂在横担的 U 型抱箍上，但没有采取绑牢措施，在挂接地线的过程中，不慎碰撞了验电器，验电器从杆上掉下，站在电杆下的监护人也未戴安全帽，验电器掉下来正好落在监护人头上，监护人的头部受到创伤。

（2）原因分析。作业人员没有佩戴安全帽。

（3）预控措施。作业必须佩戴安全帽。

九要 9. 与带电体距离要满足要求

与带电体距离未满足要求，会发生人身触电伤亡事故。

（1）作业人员活动范围及其所携带的工具、材料等与 10kV 带电体的最小安全距离为 0.7m。

(2) 发现导线断落地面或悬吊空中，应设法防止行人靠近断线地点 8m 以内。

(3) 巡视配电变压器时，不得跨越警戒线或围栏，严禁打开运行中干式变压器柜门。

(4) 雨雪冰灾巡视线路时，巡视人员要与带电杆塔的高度保持 1.5 倍的安全距离。

(5) 监护人必须在工作现场履行监护职责，及时制止违章行为。

案例 安全距离不够，盲目工作人伤亡

(1) 事故经过。2008 年×月×日，××供电局运行维护人员执行“收集 10kV 线路设备台账资料”任务。登塔前，工作负责人何×交代李×：“一定要注意与带电线路设备保持大于 0.7m 的安全距离，同时要使用安全带”。李×登上杆塔约 5.5m 处，在铁塔上挂好安全带后开始读取开关铭牌数据。随后，工作负责人听到塔上有放电声音，紧接着听到监护人卢×叫“出事啦!”，发现李×被安全带挂在塔上，失去知觉。最终李×抢救无效身亡。

(2) 原因分析。

1) 李×在读取负荷开关铭牌数据时，与带电设备未能保持大于 0.7m 的安全距离，发生触电事故。

2) 工作负责人何×让李×读取铭牌数据，没有考虑在负荷开关带电的情况下难以确保足够的安全距离，工作安排不合理。

(3) 预控措施。

1) 在邻近 10kV 带电设备工作时，应与带电设备保持大于 0.7m

的安全距离。

2）监护人必须在工作现场履行监护职责，及时制止违章行为。

☆九要 10. 带电间隔要清楚

在巡视设备和操作过程中，如走错带电间隔，可能造成人身触电伤亡事故。

（1）在巡视设备和操作过程，应现场核对设备名称、编号，防止走错间隔。

（2）不得穿越其间隔场地，监护人必须始终进行有效监护。

案例 带电间隔不清楚，误入间隔人灼伤

（1）事故经过。2006年×月×日，××供电局检修人员郑×及李×一起到某台区P02柜更换电容器，由郑×担任工作负责人，李×到楼下取电容器，郑×留在配电室，为缩短工作时间，郑×决定先独自做前期工作，打开P03配电柜后门后触碰带电设备，电弧灼伤郑×手臂。

（2）原因分析。郑×在没有监护人监护的情况下擅自违章工作，走错间隔造成事故。

（3）预控措施。

1）应现场核对设备名称、编号，防止走错间隔。

2）工作过程中，监护人必须始终进行有效监护。

☆九要 11. 移动安全设施和标志要批准

移动安全设施和标志，易使现场作业人员走错间隔，发生触电伤亡事故；也容易致使操作人员误操作开关，甚至会发生误送电导致线路作业人员伤亡事故。

在工作还未终结的情况下，不得擅自移动安全设施和标志，如需要移动必须经申请批准后方可进行。

案例 安全标志被移走，误合开关致人亡

(1) 事故经过。2006年×月×日，××供电局对10kV ××线进行停电检修，工作许可人王×在做完许可措施后，在10kV ××线的开关操作把手上悬挂了“禁止合闸，线路有人工作”的标示牌，新员工李×经过后，随手把该标示牌取下，操作人员张×误合该10kV ××线的开关，导致线路上的工作人员许×触电死亡。

(2) 原因分析。在未经相关人员同意的情况下，私自取下“禁止合闸，线路有人工作”标示牌，导致操作人员误合开关，致使线路工作人员触电死亡。

(3) 预控措施。在工作未终结前，严禁任何人员擅自移动或取下安全标示牌。

九要 12. 导线断落地面或悬在半空要防止行人靠近

10kV 带电线路断落接触地面，会在断线地点 8m 以内形成跨步电压，造成人员触电伤亡事故。

巡线人员发现导线断落地面或悬吊空中，应设法防止行人靠近断线地点 8m 以内，并迅速报告调度部门，进行停电处理。

案例 导线断落地面未隔离，行人路过触电身亡

（1）事故经过。2005 年×月×日，××供电所 10kV ××线 C 相导线断落地面，巡线人员接到通知后进行故障巡查，发现断线点位置后，未实施防止行人靠近断线地点 8m 以内的安全措施，便返回供电所组织抢修工作。在此期间，行人曾××路过并进入到距离断线点 8m 以内范围，触电当场死亡。

（2）原因分析。巡线人员发现断线地点后，未采取防止行人靠近断线地点 8m 以内的安全措施。

（3）预控措施。巡线人员发现导线断落地面或悬吊空中，应设法防止行人靠近断线地点 8m 以内，并迅速报告调度部门，进行停电处理。

☆九要 13. 要尽量避免触摸带电设备金属外壳

带电设备发生漏电时，易造成设备金属外壳带电，人员在无防范措施的情况下易发生触电伤亡事故。

（1）在未确认设备金属外壳是否带电时，要尽量避免触摸带电设备金属外壳。

（2）巡视人员在接触低压配电设备外壳前，应带棉手套或用手背试碰设备外壳。

案例 冒险打开带电表箱人灼伤

（1）事故经过。2006年×月×日，××供电所营业班农电员赖×在抄表时，由于表箱表面磨损，无法看清箱内电表读数，在未确认表箱是否带电的情况下，打开表箱进行抄表，由于电表漏电造成表箱带电，导致赖×触电。

（2）原因分析。在未确认表箱是否带电的情况下，未进行验电或防触电措施，冒然打开表箱进行抄表。

（3）预控措施。

1）在未确认设备金属外壳是否带电时，要尽量避免触摸带电设备金属外壳。

2）巡视人员在不明确低压配电设备外壳是否带电前，应用验电笔进行验电或用手背试碰设备外壳。

第三节　配网现场作业主要工作流程

要防范配网现场作业风险不仅要有正确的风险控制措施，还必须要有正确的工作流程，将各项风险控制措施有机地联系起来，逐步正确实施才能保证有效控制作业风险。配网现场作业主要工作流程见图5－3。

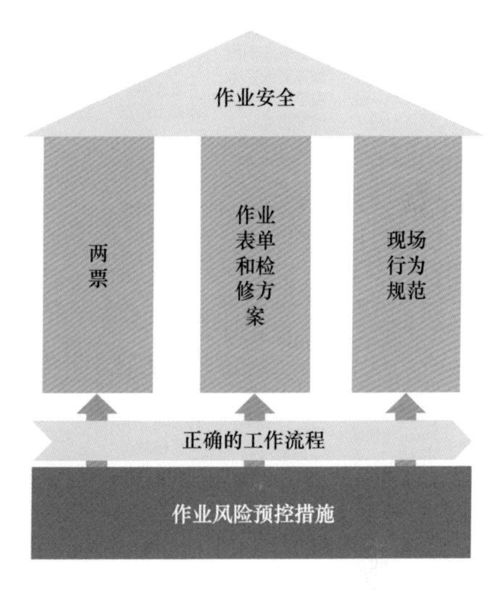

图5－3　配网现场作业主要工作流程

1. 电气操作主要工作流程

电气操作工作流程	办理操作票	准备工器具	现场汇报接令	现场操作	汇报	归档
工作内容	•对照操作任务和运行方式办理操作票	•根据操作任务选择合适工器具并进行检查	•到达现场联系配调值班员，接受配调命令	•操作前应对使用的工器具再次进行外观及性能检查 •核对好各设备名称编号和运行方式并预演 •按照操作票顺序进行逐项操作，并检查操作质量	•操作完成后向配调值班员汇报	•操作完成后进行操作票归档
人员分工	•操作人自审 •监护人初审 •值班负责人复审	•操作人检查	•监护人进行汇报和接令	•操作人检查工器具 •操作人和监护人操作预演 •监护人唱票并检查操作质量，操作人复诵并执行操作	•监护人汇报	•监护人交由两票保管人员归档
注意事项	•操作票要严格执行“三审”制度对照操作任务和运行方式填票	•操作前应对使用的工器具检查试验合格证、性能和外观	•做好调度指令记录 •记录完整后接令人要对照记录，完整复诵调度命令	•严格执行操作过程“三禁止”、操作结束“三检查”制度	•操作完成后，监护人应立即在操作票上填写结束时间，并向配调值班员汇报操作结果	•已操作完成的操作票需盖“已执行”章

2. 检修主要工作流程

检修工作流程	勘察现场	编制方案或选用表单	办理工作票	准备工器具、材料	现场许可	开展工作	验收复电	归档
工作内容	•按照工作任务确定工作范围、作业环境、线路运行方式	•按照现场勘察结果编制检修方案或完善表单模板风险控制措施	•根据工作任务和检修方案选用、办理工作票	•根据工作任务选择合适材料和工器具并进行检查	•进行现场安全技术交底并许可工作	•做好现场安全技术措施，正确规范开展工作	•工作质量验收，解除现场安全措施并恢复供电	•相关资料归档
人员分工	•工作负责人 •运行人员	•工作负责人组织	•工作负责人填票 •工作签发人签发 •工作许可人审核	•工作班成员	•工作负责人接受工作许可人许可，并做好安全技术交底	•工作负责人（监护人）组织开展并做好监护 •工作班成员安全施工	•工作班组自检，运维人员验收 •工作班成员解除现场安全措施	•工作负责人组织归档
注意事项	•根据工作任务明确停电范围，辨识工作现场危险点，重点关注现场安全技术措施	•检修方案中要明确安全技术措施并履行审批手续 •根据现场实际情况完善表单模板风险控制措施	•外施工单位施工需进行双签发 •正确规范填写工作票，确保安全措施完备	•选择材料要合适、足够 •对使用的工器具试验合格证、性能和外观	•工作负责人做好许可记录并复诵核对无误 •严禁约时停、送电 •明确工作范围、带电部位并落实防触电、防坠落等安全措施	•按照作业表单及方案开展工作 •工作地段所有电气连接点要接地 •工作前应对使用的工器具进行外观及性能检查，并停电验电 •全程监护	•严格按照验收规范和流程进行验收 •送电前确保已解除所有安全措施（包括全部地线已拆除）	•已完成的工作票要盖“工作终结”章并归档 •对图纸资料和设备台账进行更新

3. 巡视维护主要工作流程

巡视维护工作流程	下达工作任务	选用作业表单	准备工器具	现场作业	归档
工作内容	•根据工作计划下达任务	•根据工作任务类型选用作业表单并完善表单模板风险控制措施	•根据工作任务选择所需图纸资料、合适工器具和仪器	•按照作业表单进行现场作业，并做好记录	•根据现场作业情况完善相关资料
人员分工	•班组长下达	•工作人员	•工作人员	•工作人员	•工作人员
注意事项	•根据任务特点安排合适的工作人员 •确保工作人员精神状态良好	•根据现场实际情况完善表单模板风险控制措施 •根据维护工作内容办理工作票	•工作前应对使用的工器具和仪器检查试验合格证、性能和外观进行检查	•根据现场情况检查表单风险控制措施是否完善 •严格执行风险控制措施 •发现缺陷按规定做好记录和必要的现场处理工作	•异常情况及时上报 •及时归档

4. 急修工作流程

急修工作流程	接受急修任务	故障查找	故障汇报	故障隔离	故障抢修	恢复供电	归档
工作内容	•接受调度或客户服务中心抢修通知	•根据报障信息安排急修人员进行故障查找	•向调度或客户服务中心报告故障情况和预计复电时间	•尽快进行故障隔离，缩小故障停电影响范围	•安排合适人员进行抢修	•抢修结束拆除各项安全措施并恢复供电	•完善抢修记录并归档
人员分工	•急修值班员	•急修值班员负责人组织	•急修负责人	•急修负责人 •急修人员	•一般故障抢修由急修负责人组织 •大型故障抢修由运行单位委派负责人	•急修人员拆除安全措施 •操作人员送电	•急修负责人
注意事项	•只能受理调度或客户服务中心的报障 •值班人员应根据报障信息第一时间通知相关人员 •做好报障信息的记录或在信息系统确认报障信息	•查找故障时始终认为线路带电并与带电体保持足够安全距离 •10kV故障查找须由两人进行 •发现故障禁止单独处理	•根据故障情况决定是否派人现场看守 •10kV故障急修负责人要上报主管领导	•10kV停、送电要根据调度指令进行操作 •操作时需加强监护 •只有在危及人身安全的情况下允许不经调度许可执行操作	•做好抢修现场各项安全技术措施 •抢修工作应履行许可手续 •恶劣天气禁止进行高低压带电作业抢修 •抢修作业要有监护	•送电前确保已解除所有安全措施（包括全部地线已拆除）	•设备和接线变动要完成电子化转变

第六章
现场紧急救护知识

第一节 触电急救

一、触电急救的原则

现场抢救必须做到迅速、就地、准确、坚持。

1. 迅速

迅速就是要争分夺秒、千方百计地使触电者脱离电源，并将受害者放到安全地方，这是现场抢救的关键。

2. 就地

就地就是争取时间，在现场（安全地方）就地抢救触电者。

3. 准确

准确就是抢救的方法和施行的动作姿势要合适得当。

4. 坚持

坚持就是抢救必须坚持到底，直至医务人员判定触电者已经死亡，已再无法抢救时，才能停止抢救。

二、脱离电源

触电急救，首先要使触电者迅速脱离电源，越快越好。因为电流作用的时间越长，伤害越重。

1. 高压触电

触电者触及高压带电设备，救护人员应迅速切断电源，或用适合该电压等级的绝缘工具（如戴绝缘手套、穿绝缘靴并用绝缘操作棒）解脱触电者	

安全风险 触电者未脱离电源前，救护人员不准直接用手触及伤员，以防触电。救护人员在抢救过程中，应注意自身与周围带电部分留有足够的安全距离。

2. 低压触电

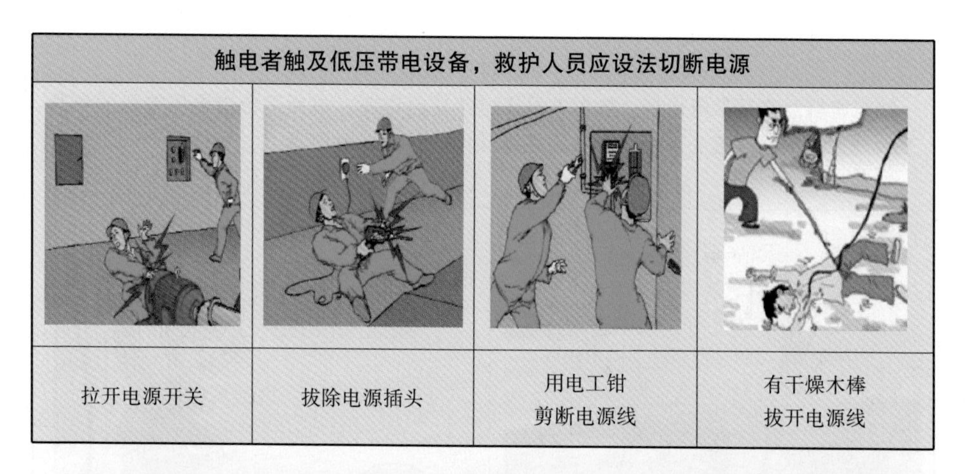

触电者触及低压带电设备，救护人员应设法切断电源			
拉开电源开关	拔除电源插头	用电工钳 剪断电源线	有干燥木棒 拔开电源线

安全风险 切记救护人员要避免碰到金属物体和触电者的裸露身躯；切断电线要分相进行，并尽可能站在绝缘物体或干木板上

3. 线杆塔上触电

（1）高压架空带电线路触电。

如系高压带电线路又不可能迅速切断电源开关的，可采用抛挂足够截面的适当长度的金属短路线方法，使电源开关跳闸。抛挂前，应将短路线一端固定在铁塔或接地引下线上，另一端系重物

安全风险 抛掷短路线时，应注意防止电弧伤人或断线危及人员安全

（2）低压架空带电线路触电。

如系低压带电线路，若可能立即切断线路电源的，应迅速切断电源，或者由救护人员迅速登杆，系好自己的安全带后，用带绝缘胶柄的钢丝钳、干燥的不导电物体或绝缘物体将触电者拉离电源	

安全风险 救护人员在使触电者脱离电源时，要注意防止发生高处坠落和再次触及其他有电线路的可能

（3）触电者触及断落在地上的带电高压导线。

三、伤员脱离电源后的处理

1. 神志的判定

触电伤员如神志清醒者，应使其就地躺平，严密观察，暂时不要使其站立或走动；触电伤员如神志不清者，应就地仰面躺平，且确保气道通畅，并用5s时间，呼叫伤员或轻拍其肩部，以判定伤员是否意识丧失。禁止摇动伤员头部呼叫伤员

2. 呼吸、心跳情况的判定

触电伤员如意识丧失，应在 10s 内，用看、听、试的方法判定伤员呼吸、心跳情况。若看、听、试结果，既无呼吸又无颈动脉搏动，则可判定为呼吸、心跳停止

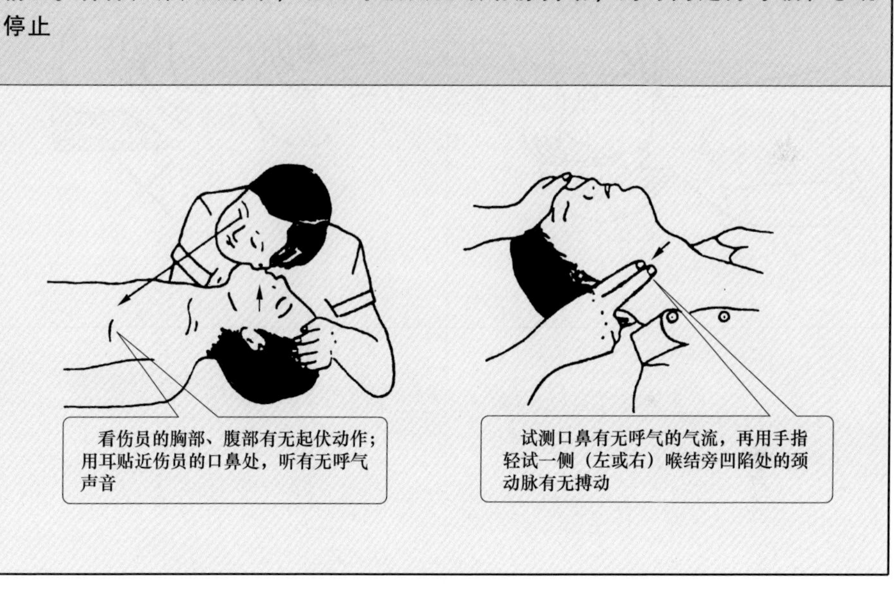

3. 心肺复苏法

触电伤员的呼吸和心跳均已停止时，应立即按心肺复苏法支持生命的三项基本措施，正确进行就地抢救。三项基本措施：

通畅气道 → 口对口（鼻）人工呼吸 → 胸外按压（人工循环）

（1）通畅气道

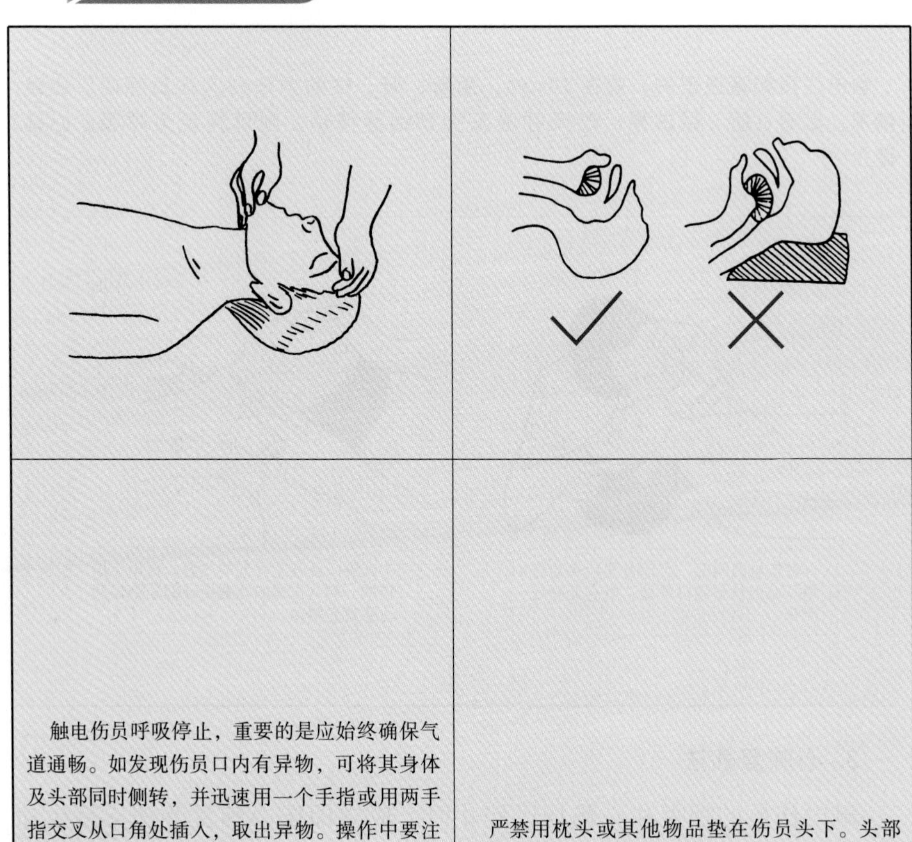

触电伤员呼吸停止，重要的是应始终确保气道通畅。如发现伤员口内有异物，可将其身体及头部同时侧转，并迅速用一个手指或用两手指交叉从口角处插入，取出异物。操作中要注意防止将异物推到咽喉深部。 通畅气道可采用仰头抬颏法。用一只手放在触电者前额，另一只手的手指将其下颌骨向上抬起，两手协同将头部推向后仰，舌根随之抬起，气道即可通畅	严禁用枕头或其他物品垫在伤员头下。头部抬高前倾，会加重气道的阻塞，且使胸外按压时，心脏流向脑部的血流减少，甚至消失

(2) 口对口(鼻)人工呼吸

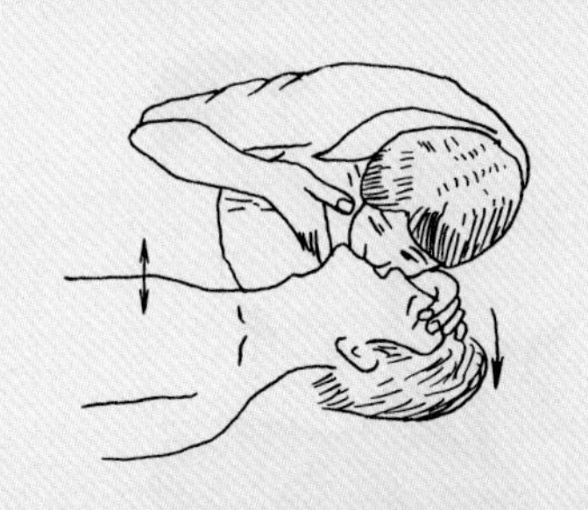

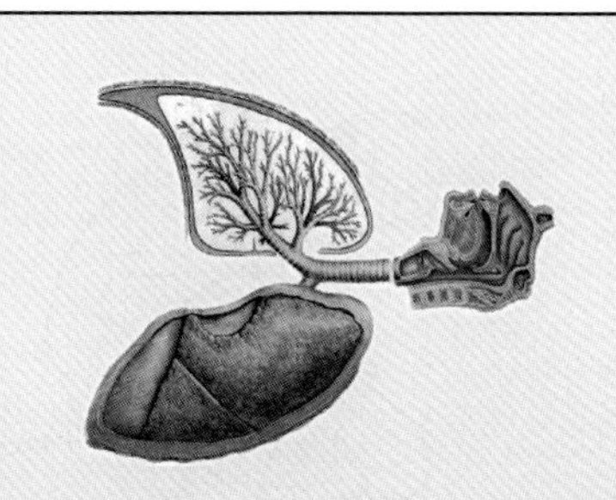

在保持伤员气道通畅的同时，救护人员用放在伤员额头上的手指，捏住伤员的鼻翼，在救护人员深吸气后，与伤员口对口紧合，在不漏气的情况下，先连续大口吹气两次，每次1～5s。如两次吹气后试测颈动脉仍无搏动，可判断心跳已经停止，要立即同时进行胸外按压。除开始时大口吹气两次外，正常口对口（鼻）呼吸的吹气量不需过大，以免引起胃膨胀。吹气和放松时要注意伤员胸部应有起伏的呼吸动作。吹气时如有较大阻力，可能是头部后仰不够，应及时纠正。

触电伤员如牙关紧闭，可口对鼻进行人工呼吸。口对鼻人工呼吸吹气时，要将伤员嘴唇紧闭，防止漏气

(3) 胸外按压（人工循环）

1）正确的按压位置

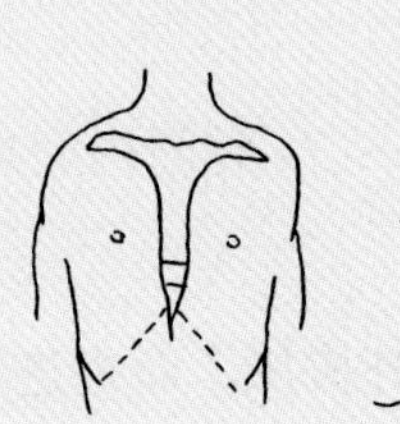

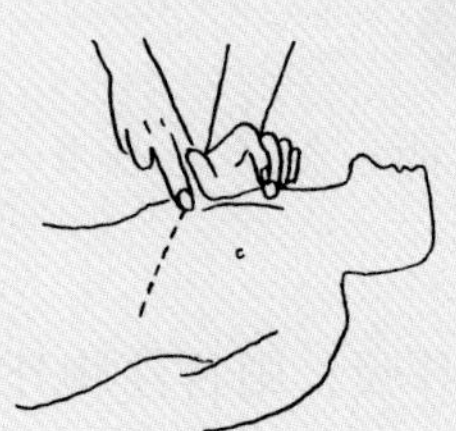

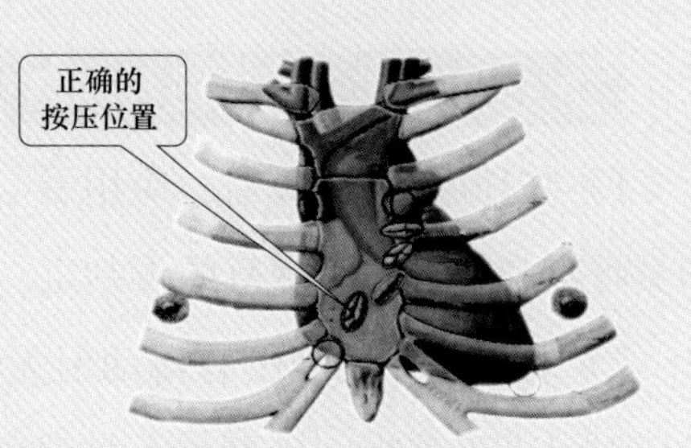

正确的按压位置是保证胸外按压效果的重要前提。确定正确按压位置的步骤如下：

（a）右手的食指和中指沿触电伤员的右侧肋弓下缘向上，找到肋骨和胸骨接合处的中点；

（b）两手指并齐，中指放在切迹中点（剑突底部），食指平放在胸骨下部；

（c）另一只手的掌根紧挨食指上缘置于胸骨上，即为正确的按压位置

2）正确的按压姿势

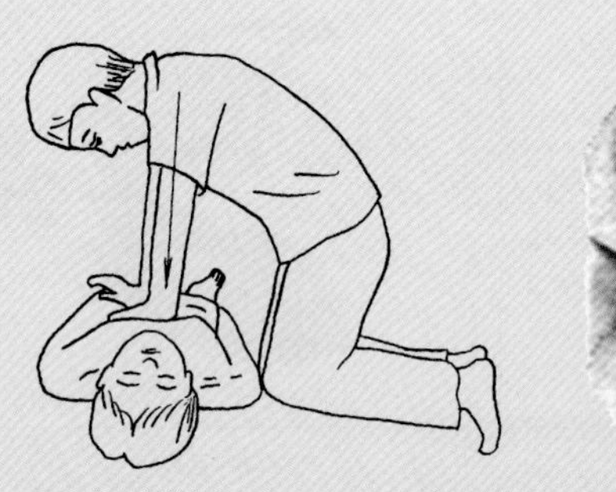

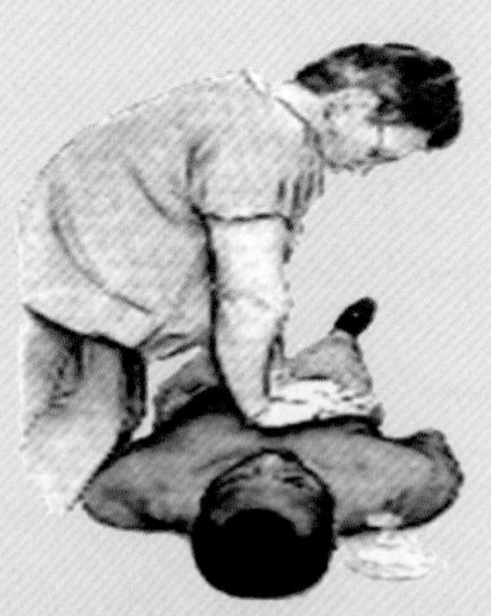

正确的按压姿势是达到胸外按压效果的基本保证。正确的按压姿势如下：

（a）使触电伤员仰面躺在平硬的地方，救护人员站立或跪在伤员一侧肩旁，两肩位于伤员胸骨正上方，两臂伸直，肘关节固定不屈，两手掌根相叠，手指翘起，不接触伤员胸壁；

（b）以髋关节为支点，利用上身的重力，垂直将正常成人胸骨压陷 3 ～ 5cm（儿童和瘦弱者酌减）；

（c）按压至要求程度后，立即全部放松，但放松时救护人员的掌根不得离开胸壁。

按压必须有效，其有效的标志是按压过程中可以触及到颈动脉搏动。

胸外按压要以均匀速度进行，每分钟 100 次左右，每次按压和放松的时间相等。

胸外按压与口对口（鼻）人工呼吸同时进行，其节奏为：单人抢救时，按压 30 次后吹气 2 次（30∶2）（新的国际标准），反复进行；双人抢救时，每按压 30 次后由另一人吹气 2（30∶2）（新的国际标准），反复进行

（4）抢救过程中的再判定

1）按压吹气 1min 后，应用看、听、试方法在 5 ～ 7s 时间内完成对伤员呼吸和心跳是否恢复的再判定。

2）若判定颈动脉已有搏动但无呼吸，则暂停胸外按压，而再进行 2 次口对口人工呼吸，接着每 5 秒时间吹气 1 次（即每分钟 12 次）。如脉搏和呼吸均未恢复，则继续坚持心肺复苏法抢救。

3）在抢救过程中，要每隔数分钟再判定一次，每次判定时间均不得超过 5 ～ 7s。在医务人员未接替抢救前，现场抢救人员不得放弃现场抢救。

（5）抢救过程中伤员的移动与转院

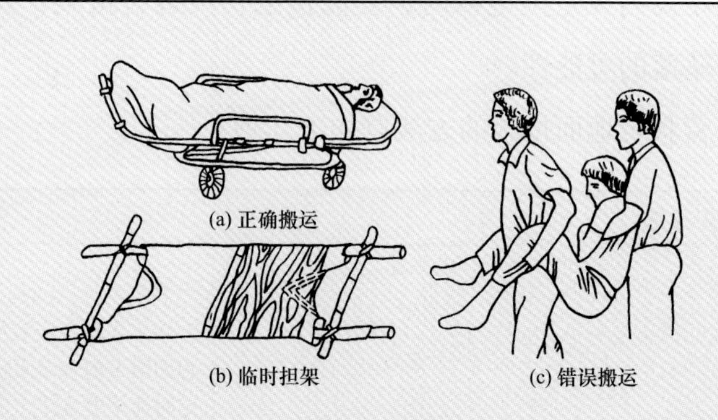

(a) 正确搬运

(b) 临时担架

(c) 错误搬运

1）心肺复苏应在现场就地坚持进行，不要为方便而随意移动伤员，如确实需要移动时，抢救中断时间不应超过30s。

2）移动伤员或将伤员送往医院时，应使伤员平躺在担架上，并在其背部垫以平硬阔木板。移动或送医院过程中应继续抢救，心跳呼吸停止者要继续心肺复苏法抢救，在医务人员未接替救治前不能中止。

3）应创造条件，用塑料袋装入砸碎了的冰屑做成帽状包绕在伤员头部，露出眼睛，使脑部温度降低，争取心、肺、脑完全复苏

（6）伤员好转后的处理

1）如伤员的心跳和呼吸经抢救后均已恢复，可暂停心肺复苏法操作，但心跳呼吸恢复的早期有可能再次骤停，应严密监护，不能麻痹，要随时准备再次抢救。

2）初期恢复后，伤员可能神志不清或精神恍惚、躁动，应设法使伤员安静。

（7）伤员好转后的处理

1）发现杆上或高处有人触电，应争取时间及早在杆上或高处开始进行抢救。救护人员登高时应随身携带必要的工具和绝缘工具以及牢固的绳索等，并紧急呼救；

2）救护人员应在确认触电者已与电源隔离，且救护人员本身所涉及的环境安全距离内无危险电源时，方能接触伤员进行抢救，并应注意防止发生高空坠落的可能性。

将伤员营救至地面抢救的方法有如下几种：

（a）单人营救法

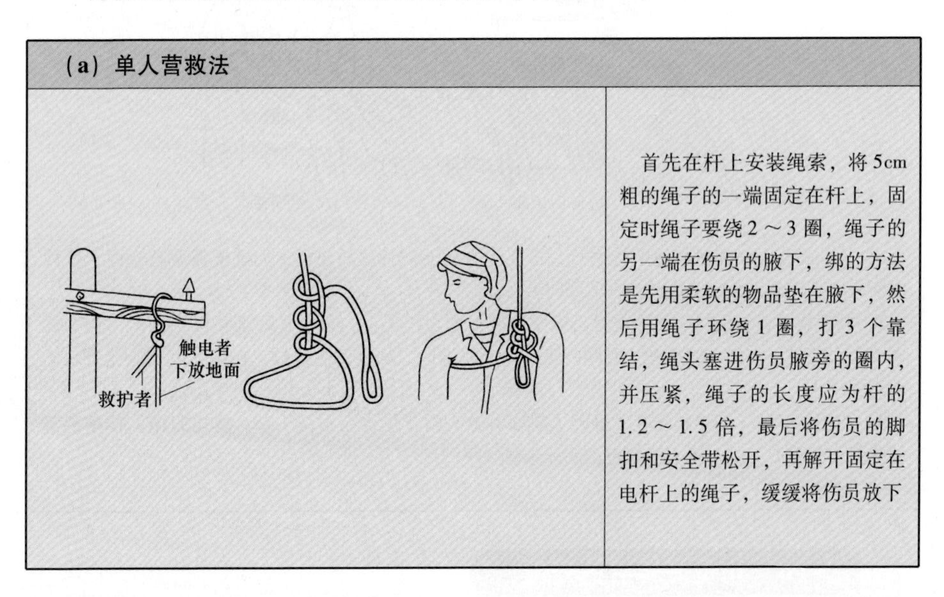

首先在杆上安装绳索，将5cm粗的绳子的一端固定在杆上，固定时绳子要绕2～3圈，绳子的另一端在伤员的腋下，绑的方法是先用柔软的物品垫在腋下，然后用绳子环绕1圈，打3个靠结，绳头塞进伤员腋旁的圈内，并压紧，绳子的长度应为杆的1.2～1.5倍，最后将伤员的脚扣和安全带松开，再解开固定在电杆上的绳子，缓缓将伤员放下

（b）双人营救法

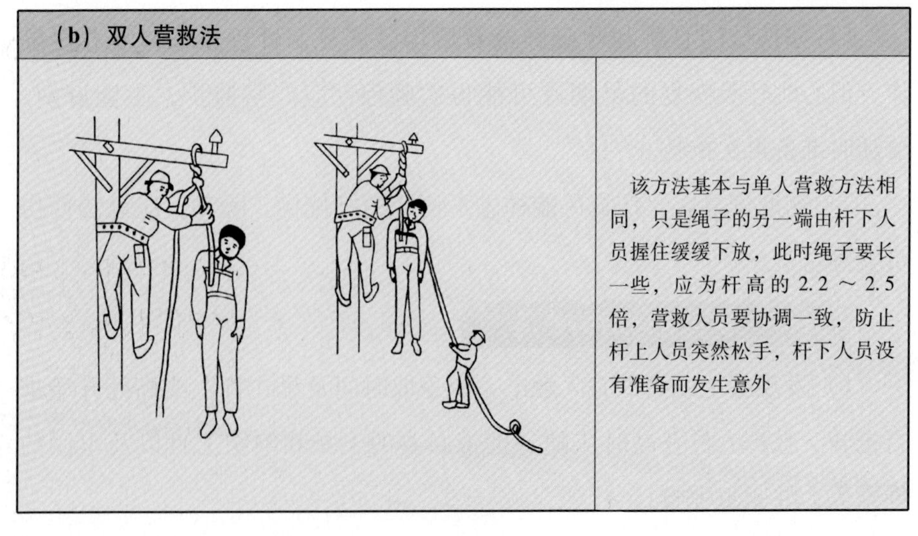

该方法基本与单人营救方法相同，只是绳子的另一端由杆下人员握住缓缓下放，此时绳子要长一些，应为杆高的2.2～2.5倍，营救人员要协调一致，防止杆上人员突然松手，杆下人员没有准备而发生意外

(8) 高处抢救

1）触电伤员脱离电源后，应将伤员扶卧在自己的安全带上（或在适当的地方躺平），并注意保持伤员气道通畅。

2）救护人员迅速按前述的方法判定反应、呼吸和循环情况。

3）如伤员呼吸停止，应立即进行口对口（鼻）吹气 2 次，再测试颈动脉。颈动脉如有搏动，则每 5 秒时间继续吹气 1 次；如无搏动，则可用空心拳头叩击心前区 2 次，促使心脏复跳。

4）高处发生触电，为使抢救更为有效，应及早设法将伤员送至地面。在完成上述措施后，应立即用绳索迅速将伤员送至地面，或采取迅速有效的措施送至平台上。

5）在将伤员由高处送至地面前，应再进行口对口（鼻）吹气 4 次。

6）触电伤员送至地面后，应立即继续按心肺复苏法坚持抢救。

(9) 现场抢救用药

现场触电抢救，对采用肾上腺素等药物治疗应持慎重态度。如没有必要的诊断设备和条件及足够的把握，不得乱用。在医院内抢救触电者时，由医务人员经医疗仪器设备诊断后，根据诊断结果再决定是否采用。

(10) 人工呼吸成功的特征

1）如果正确进行人工呼吸，则每进行一次口对口吹气，触电者的胸腔就会舒展和隆起，而停止吹气，其胸腔就会下陷。在这种情况下，触电者会通过嘴和鼻孔从肺部往外排气，发出特有的声音。如果难以吹入空气，则应检查触电者的呼吸道是否畅通。

2）胸外按压成功的特征。进行胸外心脏按压时，其效果首先表现在每次按压触电者的胸腔，都可使其手腕大动脉和颈部大动脉出现脉搏。

3）心肺复苏法成功的特征。如果操作者抢救的方法正确，有下列表现，说明其所施行的方法有效。

（a）恢复自主的呼吸和脉搏；

（b）有知觉、反应及呻吟等。

（11）施行心肺复苏法的注意事项

1）不管任何时候，在事故现场，若周围有其他人，即请其协助打120急救电话或通知就近的医疗单位。

2）触电急救必须分秒必争，立即就地迅速用心肺复苏法进行抢救，并坚持不断地进行，同时及早与医疗部门联系，争取医务人员接替救治。在医务人员未接替救治前，不应放弃现场抢救，更不能只根据有没有呼吸或脉搏擅自判定伤员死亡，放弃抢救。只有医生才有权做出伤员死亡的诊断。

3）口对口吹气量不宜过大，一般不超过1200mL，胸廓稍起伏即可。吹气时间不宜过长，过长会引起胃扩张、胃胀气和呕吐。吹气过程要注意观察患（伤）者气道是否通畅，胸廓是否被吹起。

4）心脏按压术只能在患（伤）者心脏停止跳动下才能实施。

5）口吹气和胸外心脏按压应同时进行，严格按吹气和按压的比例操作，吹气和按压的次数过多或过少均会影响复苏的成败。

6）外心脏按压的位置必须准确，力度要适当。位置不准确容易损伤其他脏器；按压时切忌用力过大，以免挤压出胃中的食物，堵塞气管，影响呼吸，或者造成胸骨折断、气血胸和内脏损伤，但按压的力度过轻，胸腔压力小，不足以推动血液循环，便不能发挥按压作用。

7）进行心肺复苏法时应将患（伤）者的衣扣及裤带解松，以免引起内脏损伤。

第二节 创 伤 急 救

在电力生产、基建中，除人体触电造成的伤害以外，还会发生高空坠落、机械卷轧、交通挤轧、摔跌等意外伤害造成的局部外伤，因此在现场中，还应会作适当的外伤处理，以防止细菌侵入，引起严重感染或摔断的骨尖刺破皮肤、周围组织、神经和血管，而引起损伤扩大。及时、正确的救护，才能使伤员转危为安，任何迟疑、拖延或不正确的救护都会给伤员带来危害。因此，电力工人应该了解现场外伤救护的基本常识，学会急救的简单方法，以减少伤员的痛苦，避免可能发生的伤残，从而达到现场自救，互救的目的。

1. 创伤急救的基本要求

（1）创伤急救原则上是先抢救，后固定，再搬运，并注意采取措施，防止伤情加重或污染。需要送医院救治的，应立即做好保护伤员措施后送医院救治。

（2）抢救前先使伤员安静躺平，判断全身情况和受伤程度，如有无出血、骨折和休克等。

（3）外部出血立即采取止血措施，防止失血过多而休克。外观无伤，但呈休克状态，神志不清或昏迷者，要考虑胸腹部内脏或脑部受伤的可能性。

（4）为防止伤口感染，应用清洁布片覆盖。救护人员不得用手直接接触伤口，更不得在伤口内填塞任何东西或随便用药。

（5）搬运时应使伤员平躺在担架上，腰部束在担架上，防止跌下。平地搬运时伤员头部在后，上楼、下楼、下坡时头部在上，搬运中应严密观察伤员，防止伤情突变。

2. 止血急救

（1）止血的意义。血液是存在于心脏和血管里的液体，它借助心脏收缩、舒张的力量，在血管内循环流动。血液的功能是保证全身各组织和脏器有正常机能和新陈代谢的进行。一般成人的血液占其体重的 8% 左右，约 4500 ～ 5000mL。在电力生产、基建和日常生活中，很难避免创伤出血，但只要是小伤口、出血量少，对人体健康并无多大影响。但如果是较大的动脉血管受到损伤，则会大出血。如果抢救或处理不当，伤员就可能出血过多而危及生命。一般急性失血 10%（相当于 450 ～ 500mL）时，伤员除了心跳略快以外，并无其他特殊症状；当失血量达总血量的 20% 以上时，即可出现头晕、头昏、脉搏增快、血压下降、出冷汗、肤色变白、尿量减少等症状；如果失血量达总血量的 40%～ 50%，则会出现脸色惨白、神志不清、脉搏细弱无力，可能危及生命。在现场工作中，若发生创伤伴有大出血情况，则必须抓紧时间，迅速、准确、有效地给以止血，这对于抢救伤员生命具有极为重要的意义。

（2）损伤性出血的分类。所谓损伤性出血是指由于人体受到损伤，血液从损伤部位的血管外流。

1）以血管分类。

（a）动脉出血。其特点是出血呈鲜红色，出血速度快且量多，不易凝固，血流从断裂动脉血管内呈喷射状流出。

（b）静脉出血。出血呈暗红色，速度较慢或点滴出血，容易控制。

（c）毛细血管出血。出血血流很慢，呈渗血状，大约在 6 ～ 8min 左右均能自行凝固停止。

2）以损伤类型分类。

（a）外出血。就是指受外伤时血液从损伤的血管流向体外。

（b）内出血。指血管破裂后血液积滞在体腔内、体外看不到的出血。如腹部发生外伤后肝脾破裂、骨盆骨折引起腹膜出血等。

（3）止血方法。现场发生的创伤大部分是外出血，也有时是内出血的。在现场进行急救主要是针对外出血的，故这里只讲述外出血的止血法。外出血的常用止血方法主要有以下几种：

1）抬高患肢位置法。适用于肢体小出血，其方法是将患肢抬高，使其超过心脏位置，目的是增加静脉回流和减少出血量。

2）加压包扎止血法。加压包扎是一种常用的有效止血法，大多数创伤性出血经加压包扎均能止住或减少出血，其方法是：

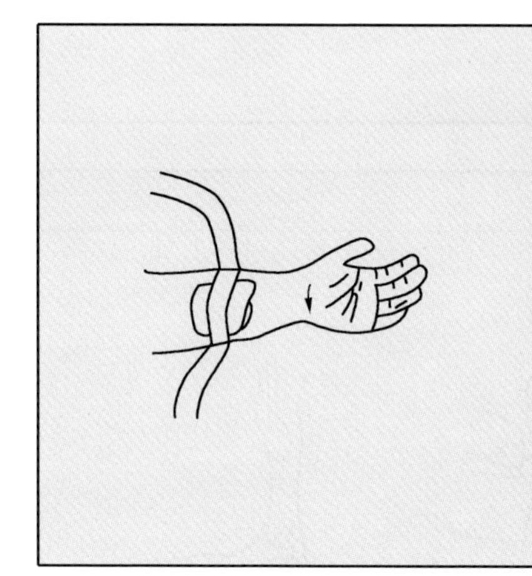

（a）先用数块面积大于伤口面积的灭菌纱布覆盖在伤口上，然后用手指或手掌用力加压，假如出血量不多，经直接加压止血后大多能够奏效。现场无消毒纱布时可用清洁的手帕或布片代替，也可从衣服上剪下最清洁的部分，用以代替纱布加压包扎，然后将出血肢体抬高。

（b）加压 10 ～ 30min 后，一般都能止血。出血停止后不必调换原来的纱布（或其他包垫物），让血染的纱布留在原处不动，以防更换时引起再出血。如怀疑尚有少量渗血，则可在原纱布上再重叠放置纱布数块，略加压力包扎，然后送医院再进行处理，这个方法用于四肢止血是合适和安全的

3）指压止血法。指压止血法就是用手指压迫“止血点”止血。“止血点”就是身体的主要动脉经过而又靠近骨骼的“搏动”部位。这是最方便而又及时的临时止血法，适用于现场止血急救。具体做法是在伤口的靠近心脏端找到出血肢、体部位的止血点，用手指用力向骨头压迫，这样就会阻断血流来源而达到急救止血的目的。此法适用于面部、颈部

和四肢动脉的出血。

（a）面部、颈部出血

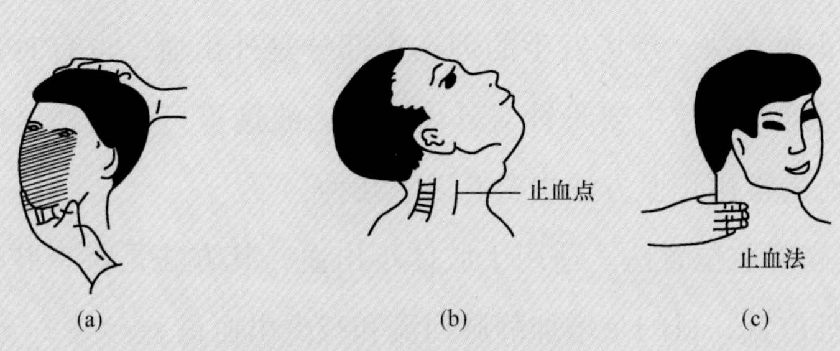

(a) (b) (c)

面部出血：供应侧面部血液的血管是颜面动脉，当此处出血时，应用手指压住下颌角（下巴颏）前一横指处的血管；

颈部出血：用四个手指并拢，在颈部凹陷处可以触及颈动脉的搏动，手指放在搏动处，拇指放在伤员颈后部，前后手指共同用力，将颈动脉向颈椎方向加压（手指要固定于搏动点上，不能揉搓）

（b）上肢出血

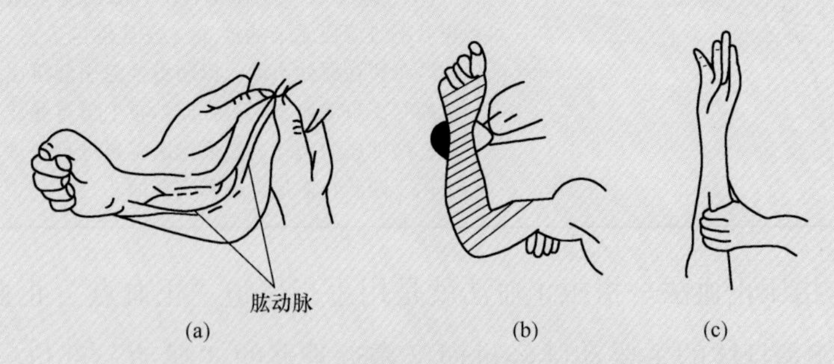

(a) (b) (c)

上肢止血时，首先要找到肱动脉的止血点位置，上肢止血点如图（a）所示。若上臂出血，其止血法为，一手抬高患肢；另一手四个手指将肱动脉压向肱骨上，如图（b）所示。若前臂出血，则将患肢抬高，用四个手指压在肘窝处肱二头肌内侧的肱动脉，如图（c）所示

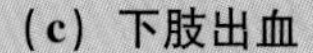

（c）下肢出血

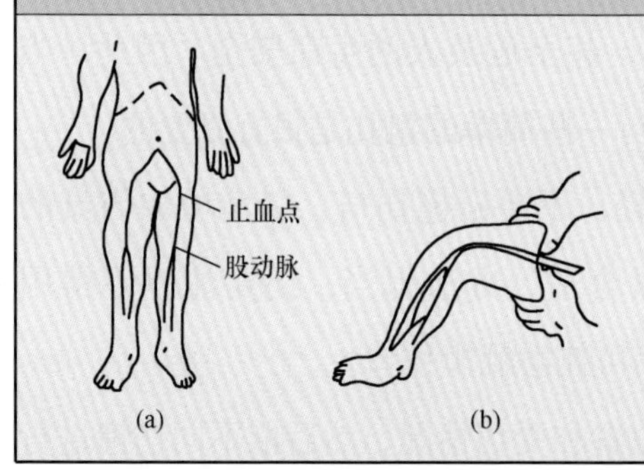

(a)　(b)

下肢出血时，首先要找到股动脉止血点位置。止血点在腹股沟的中点稍下方（用手指可试出股动脉的搏动），下肢止血点部位如图（a）所示；

若大腿出血，则可用双手拇指向后用力压迫大腿出血止血点部位［股动脉，如图（b）所示］

（d）肩、腋部、手指、脚出血

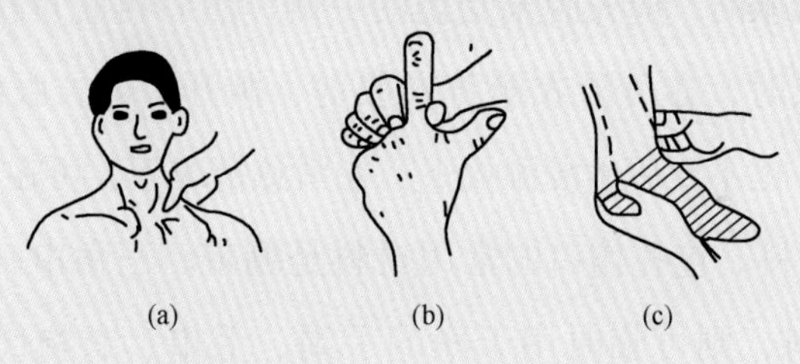

(a)　(b)　(c)

肩、腋部出血：用拇指压迫同侧锁骨上窝，将锁骨下动脉压向第一肋骨，如图（a）所示；
手指出血：将患肢抬高，用食指、拇指分别压迫手指两侧的指动脉，如图（b）所示；
脚出血：用两手拇指分别压迫足背动脉和内踝与跟腱之间的胫后动脉，如图（c）所示

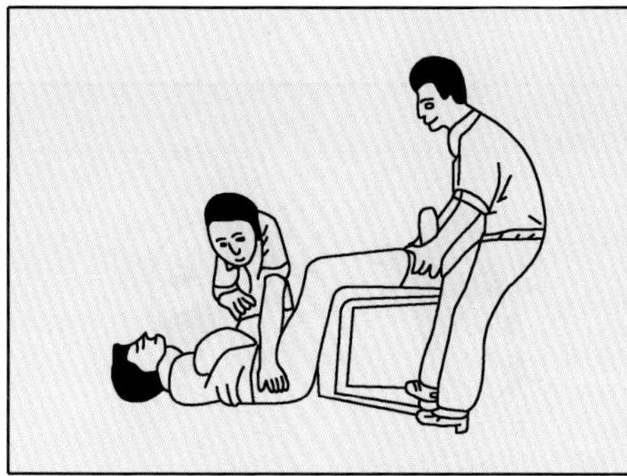

高处坠落、撞击、挤压可能有胸腹内脏破裂出血。受伤者外观无出血但常表现面色苍白，脉搏细弱，气促，冷汗淋漓，四肢厥冷，烦躁不安，甚至神志不清等休克状态，应迅速躺平，抬高下肢，保持温暖，速送医院救治。若送院途中时间较长，可给伤员饮用少量糖盐水

（4）现场伤口的简单包扎。

1）包扎的目的。伤口是细菌入侵人体的门户，哪怕只是破一个小口，

病菌也会乘机侵入人体生长、繁殖、放出毒素，使伤口感染，如果不及时包扎，轻者伤口化脓，重者全身感染，甚至危及人的生命安全。因此，当现场有人受伤后，在送往医院之前施行一些简单的包扎是很有必要的。

2）对包扎的要求。首先动作要轻，不要碰撞伤口，以免增加伤员的疼痛和出血；其次包扎要迅速，松紧合适、方法得当；还要注意不得用水冲洗伤口、去掉血迹，也不准用手和脏物触摸伤口。

3）包扎步骤。首先要弄清伤口位置和受伤情况，然后依不同伤情进行对症救护和包扎。使伤口暴露，并检查伤情，再进行包扎。在伤口暴露过程中，如需脱衣服时，应先脱未受伤的一侧，然后再脱负伤的一侧。若伤情严重不能脱衣时，亦可沿衣缝将衣服剪、撕开。若衣服已粘在伤口上，则不能用力拉，也不要用水浸湿揭下，在紧急情况下，可在衣服外面包扎。

4）包扎材料。包扎伤口的常用材料是绷带、三角巾、四头带。如果现场无这些材料，则可临时用干净的手绢、毛巾、衣物代替。包扎时要用干净的一面接触伤口，然后尽快去医院（卫生所）更换消毒敷料进行重新包扎。

5）不同部位的简单包扎。

（a）头面部伤包扎

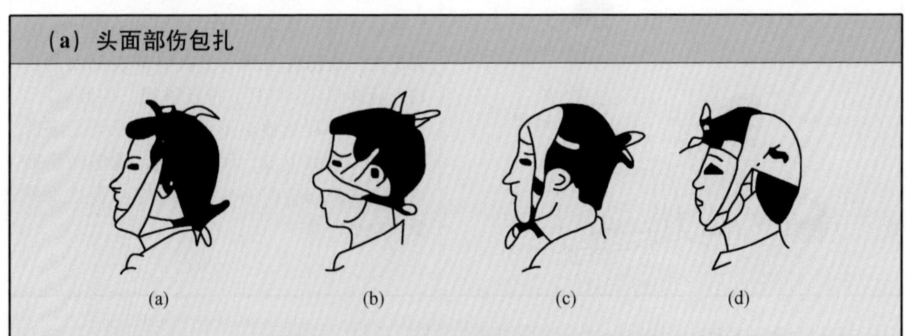

头面部伤包扎：包扎头面部伤时，可用三角巾或四头带，打结时尽可能打在以下部位，即下颌下、后脑勺下或前额的眉弓处，以免包扎松落，如图（a）～（d）所示

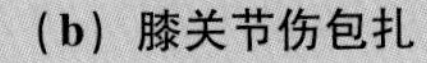

（b）膝关节伤包扎

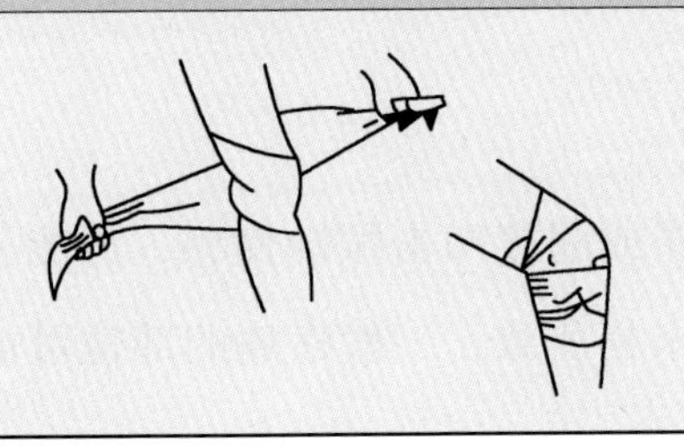

膝关节伤包扎：用三角巾折成适合于伤部宽度的条带，斜放在伤口，用条带两端分别压住上、下两边，缠绕肢体一周，然后在肢体内侧或外侧打结，此法同样也适用于上肢包扎

3. 骨折急救

骨骼是人体中最坚硬的组织，它除作为身体的支架外，还起着保护人体脏器的作用。骨折时，不但骨骼本身受到破坏，骨骼附近的其他软组织，如纤维、韧带、肌肉、神经、血管等也会受到不同程度的损伤。

（1）骨折的分类。人体全身有206块骨，均可能发生各类骨折。所谓骨折，就是骨质或骨小梁发生完全或不完全的断裂。现介绍骨折的主要分类。

1）按骨折端与皮肤、肌肉的关系分类。

闭合性骨折和开放性骨折

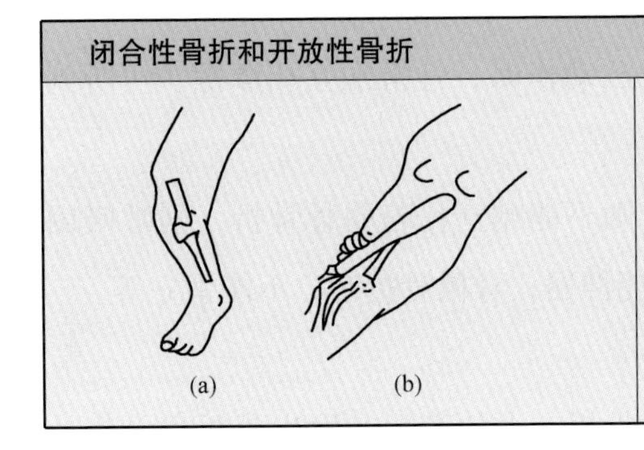

闭合性骨折：骨折端未刺出皮肤，与外界空气不相通，如图（a）所示；

开放性骨折：骨折端刺出皮肤、肌肉，与外界空气相通，如图（b）所示

2）从骨折断裂的程度分类。

（a）完全性骨折；

（b）不完全性骨折。

（2）骨折的症状与判断。如果发现有人因摔伤、挤伤而出现以下症状时，就可初步确定是发生了骨折。

1）局部症状。

（a）有局部痛感。如果有局部压痛或间接叩击振动痛感，可能是骨折端刺激骨膜及其周围软组织的神经末梢所致，一般疼痛的部位可能就是骨折的部位；

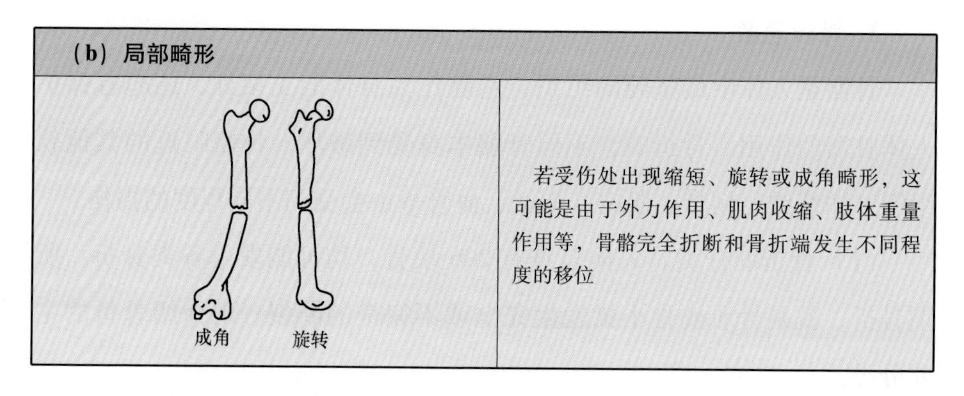

（c）局部软组织肿胀且呈现青紫色。这是由于骨折出血和渗出液所致。此外，骨折错位和重叠，在外表上也形成局部肿胀；

（d）骨擦音或骨擦感。伤员自己动作时，骨折端互相摩擦，可听到骨擦音或有骨擦感；

（e）功能受限。如下肢骨折，则不能站立；若肋骨骨折，则呼吸困难、剧痛；若关节附近骨折，将不能伸屈；脊椎骨折时，不能坐立等。

2）全身症状。

（a）休克。当脊椎骨折、骨盆骨折、大的管形骨发生骨折后，伤员常由于失血量大而发生休克；

（b）体温升高。经常在骨折两三天出现体温升高，一般体温不应超过39℃，如超过时，应检查是否有其他并发症，如伤口感染，其他器官受损等；

（c）肢体瘫痪。主要是神经组织被骨折端压迫损伤所致。

在现场发现伤员出现上述症状时，要想到可能是发生了骨折，应做好骨折急救工作，然后送医院进行救治。

（3）骨折的现场急救。

1）骨折急救的基本原则。

（a）现场急救的目的是防止伤情恶化，为此，千万不要让已经骨折的肢体活动，不能随便移动骨折端，以防锐利的骨折端刺破皮肤、周围组织、神经、大血管等。首先，应将受伤的肢体进行包扎和固定；

（b）对于开放性骨折的伤口，最重要的是防止伤口污染。为此，现场抢救者不要在伤口上涂任何药物，不要冲洗或触及伤口，更不能将外露骨端推回皮内；

（c）抢救者应保持镇静，正确地进行急救操作，应取得伤员的配合。现场严禁将骨折处盲目复位；

（d）待全身情况稳定后再考虑固定、搬运。骨折固定材料常采用木制、塑料和金属夹板。如果现场没有现成的夹板，则可就地取材，采用木板、竹竿、手杖、伞柄、木棒、树枝等物代替。骨折固定时，应注意要先止血，后包扎，再固定。选择的夹板长度应与肢体长度相对称。夹板不要直接接触皮肤，应采用毛巾、布片垫在夹板上，以免神经受压损伤；

（e）现场骨折急救仅是将骨折处作临时固定处理，在处理后应尽快送往医院救治。

2）几个部位骨折的急救。

（a）上臂部肱骨发生骨折、前臂部尺骨、桡骨骨折

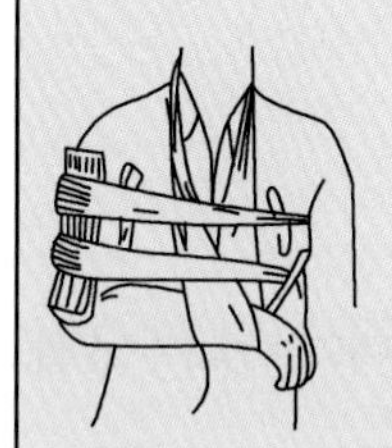

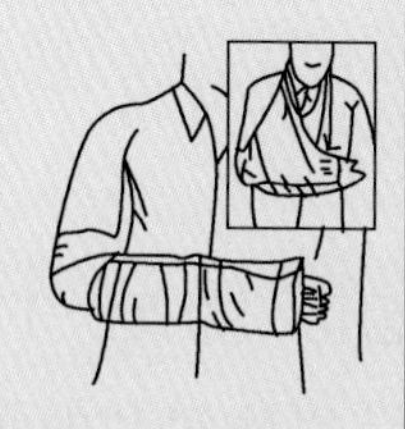

上臂部肱骨发生骨折：使受伤上臂紧贴胸廓，并在上臂与胸廓之间用折叠好的围巾或干毛巾衬垫好；将肘关节屈曲90°，使前臂依托在躯干部，用一条三角巾将前臂悬挂于颈项部；取一与上臂长度相当的一条木板置于上臂外侧，在木板与上臂之间用毛巾等物衬垫；最后用两条绷带（或其他布条）将上臂与胸廓上下环行缚住

前臂部尺骨、桡骨骨折：取与前臂长度相当的两块木板，用毛巾等柔软衣物衬垫好后，一条置于前臂掌侧，一条置于前臂的背侧；用三条绷带（或其他布条）将两块木板扎缚好，大拇指须暴露于外；夹板固定后，便肘关节屈曲90°，再用一块三角巾将前臂悬挂在颈项部

（b）大腿部股骨骨折

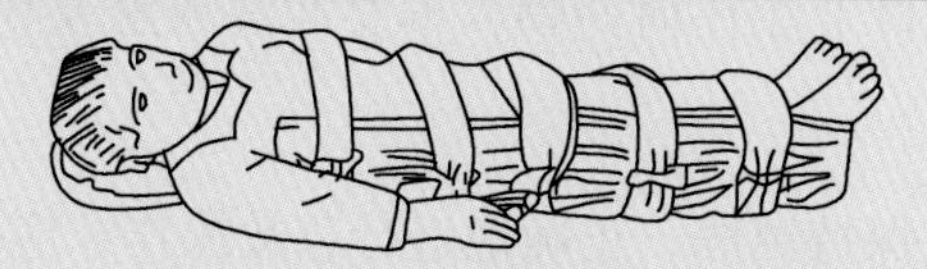

由一人使骨折的上下部肢体保持稳定不动，另一人在断骨远端沿骨的长轴方向向下方轻轻牵引，不得旋转；用折好的被单放在两腿之间，将两下肢靠拢；用与下肢等长的一块短夹板放在伤肢内侧；用自腋窝起直达足跟的一块长夹板放在伤肢的外侧；用宽布带将两侧夹板包括躯干多处进行固定；最后将固定好的伤员再固定于木板上，同时用枕头将下肢稍微垫高

（c）小腿部腔、腓骨骨折

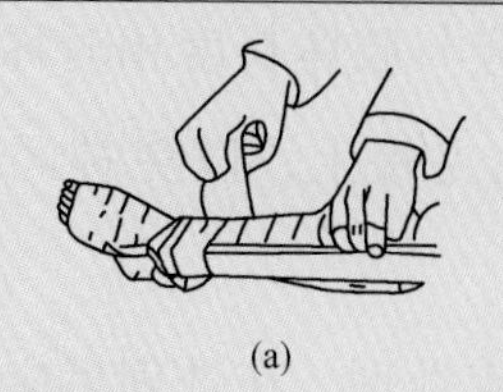

(a)

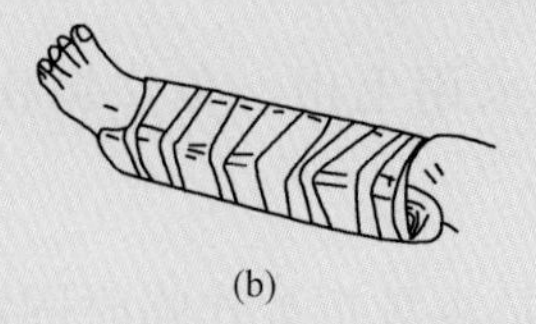

(b)

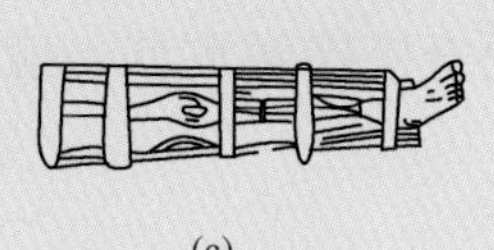

(c)

小腿部腔、腓骨骨折：腔骨及腓骨在膝关节以下，再下部分即为踝关节及庶、趾骨。固定方法为，用两块夹板分别置于小腿内、外侧，骨折突出部分要加垫；自膝关节以上至踝关节以下进行固定；最后用绷带卷或布卷、毛巾等物放在掴窝下方以支持掴窝

（d）颈椎骨折	
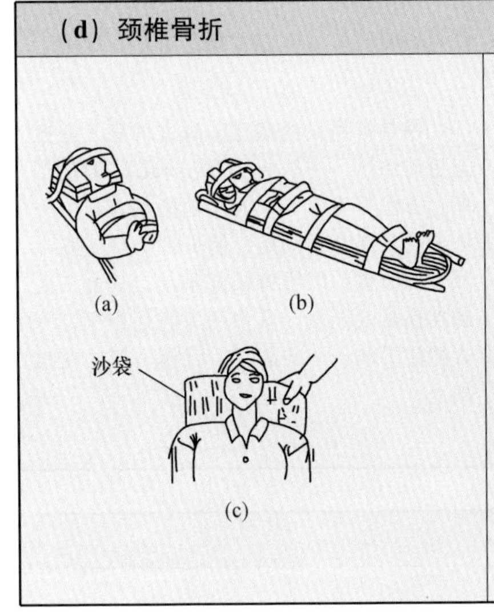	颈椎骨折：让伤者躺平，不要抬头、摇头、转动、搀扶活动、行走或翻身脱衣，否则，转动头部可能立刻导致伤员瘫痪，甚至突然死亡；救护者可位于伤员头部，两手稳定垂直地将头部向上牵引，并将可脱卸的环形颈圈或小枕置于伤员的颈部，以维持牵引不动；用较厚的（或多册）书籍或沙袋等堆置头部两侧，使头部不能左右摇动；用绷带将伤员额部连同书籍等再次固定于木板担架上

3）伤员的搬运。在现场进行止血、包扎或骨折固定之后，要搬运伤员去医院救治，搬运的方法正确与否对伤员的伤情及以后的救治效果好坏都有直接关系。

搬运伤员的原则是，让伤员舒适、平稳，而且力争将有害影响降低到最小程度。

（a）将一般伤员搬上担架的做法	
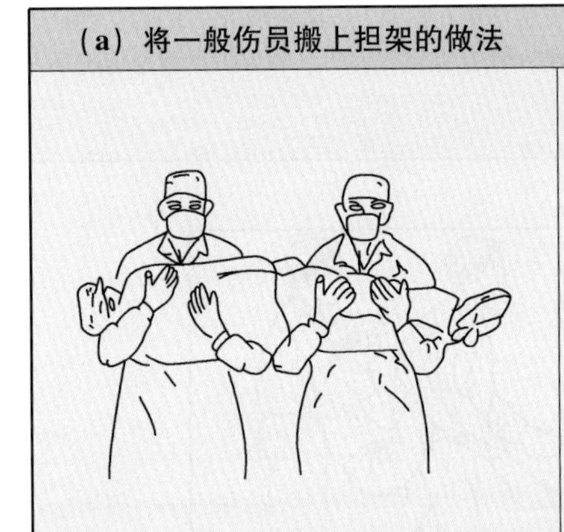	将一般伤员搬上担架的做法：两担架员跪下右腿，一人用手托住伤员头部和肩部，另一只手托住腰部；另一人一只手托住骨盆，另一只手托住膝下；二人同时起立，把伤员轻放于担架上

（b）颈椎骨折伤员的搬运

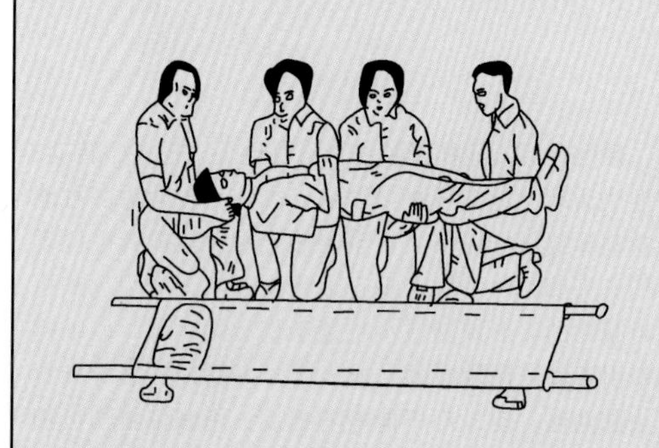

颈椎骨折伤员的搬运：对这种病人的搬运更需注意，一不小心可能造成立即死亡。搬运方法是由 3 ～ 4 人一起搬动，其中一人专管头部牵引固定，使头部保持与躯干成直线位置，以维持颈部不动；其余三人蹲在伤员的同侧，其中两人托住躯干，一人托住下肢，一齐起立，将伤员轻放在担架上

（c）颈椎骨折伤员的运送

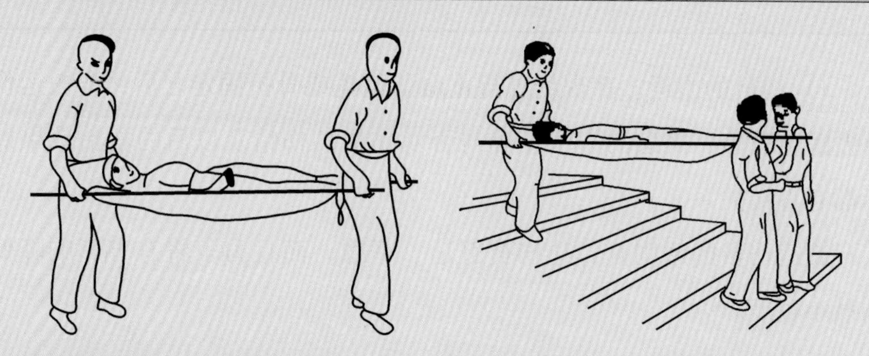

颈椎骨折伤员的运送：使伤员平躺在担架上，并将其腰部束在担架上，防止跌下。平地运送时，伤员头部在后；上楼、下楼、下坡时，让伤员头部在上；没有采用任何工具和保护措施的情况下运送，伤员易加重伤情甚至死亡

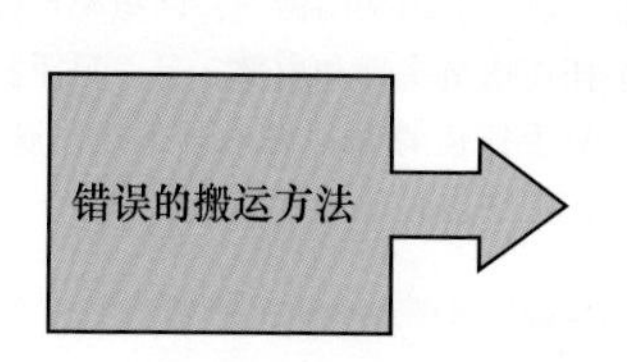

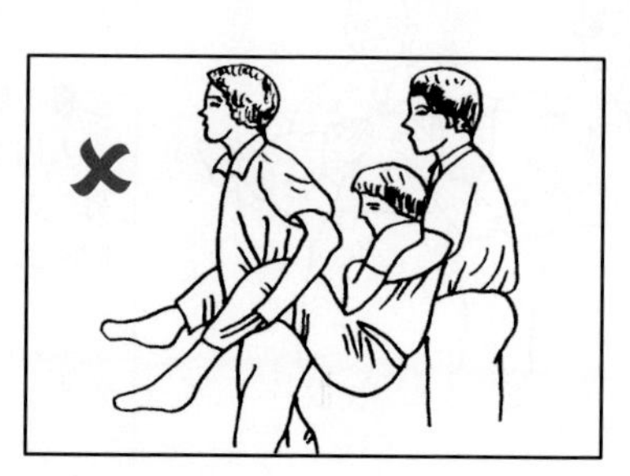

（4）烧伤急救。

1）电灼伤、火焰烧伤或高温气、水烫伤均应保持伤口清洁。伤员的衣服鞋袜用剪刀剪开后除去。伤口全部用清洁布片覆盖，防止污染。四肢烧伤时，先用清洁冷水冲洗，然后用清洁布片或消毒纱布覆盖送医院。

2）强酸或碱灼伤应立即用大量清水彻底冲洗，迅速将被侵蚀的衣物剪去。为防止酸、碱残留在伤口内，冲洗时间一般不少于10min。

3）未经医务人员同意，灼伤部位不宜敷搽任何东西和药物。

4）送医院途中，可给伤员多次少量口服糖盐水。

（5）冻伤急救。

1）冻伤使肌肉僵直，严重者深及骨骼，在救护搬运过程中动作要轻柔，不要强使其肢体弯曲活动，以免加重损伤，应使用担架，将伤员平卧并抬至温暖室内救治。

2）将伤员身上潮湿的衣服剪去后用干燥柔软的衣服覆盖，不得烤火或搓雪。

3）全身冻伤者呼吸和心跳有时十分微弱，不应误认为死亡，应努力抢救。

（6）动物咬伤急救。

1）毒蛇咬伤后，不要惊慌、奔跑、饮酒，以免加速蛇毒在人体内扩散。

（a）咬伤大多在四肢，应迅速从伤口上端向下方反复挤出毒液，然后在伤口上方（近心端）用布带扎紧，将伤肢固定，避免活动，以减少毒液的吸收。

（b）有蛇药时可先服用，再送往医院救治。

2）犬咬伤。

（a）犬咬伤后应立即用浓肥皂水冲洗伤口，同时用挤压法自上而下将残留伤口内唾液挤出，然后再用碘酒涂搽伤口。

（b）少量出血时，不要急于止血，也不要包扎或缝合伤口。

（c）尽量设法查明该犬是否为“疯狗”，对医院制订治疗计划有较大帮助。

（7）溺水急救。

1）发现有人溺水应设法迅速将其从水中救出，呼吸心跳停止者用心肺复苏法坚持抢救。曾受水中抢救训练者在水中即可抢救。

2）口对口人工呼吸因异物阻塞发生困难，而又无法用手指除去时，可用两手相叠，置于脐部稍上正中线上（远离剑突）迅速向上猛压数次，使异物退出，但也不可用力太大。

3）溺水死亡的主要原因是窒息缺氧。由于淡水在人体内能很快经循环吸收，而气管能容纳的水量很少，因此在抢救溺水者时不应“倒水”而延误抢救时间，更不应仅“倒水”而不用心肺复苏法进行抢救。

（8）高温中暑急救。

1）烈日直射头部，环境温度过高，饮水过少或出汗过多等可以引起中暑现象，其症状一般为恶心、呕吐、胸闷、眩晕、嗜睡、虚脱，严重时抽搐、惊厥甚至昏迷。

2）应立即将病员从高温或日晒环境转移到阴凉通风处休息。用冷水擦浴，湿毛巾覆盖身体，电扇吹风，或在头部置冰袋等方法降温，并及时给病人口服盐水。严重者送医院治疗。

（9）有害气体中毒急救。

1）气体中毒开始时有流泪、眼痛、呛咳、咽部干燥等症状，应引起警惕。稍重时头痛、气促、胸闷、眩晕。严重时会引起惊厥昏迷。

2）怀疑可能存在有害气体时，应即将人员撤离现场，转移到通风良好处休息。抢救人员进入险区必须戴防毒面具。

3）已昏迷病员应保持气道通畅，有条件时给予氧气吸入。呼吸心跳停止者，按心肺复苏法抢救，并联系医院救治。

4）迅速查明有害气体的名称，供医院及早对症治疗。

第七章
消 防 安 全 知 识

第一节　消防工作方针、任务和基本措施

一、消防工作的方针

消防工作的方针是“预防为主、防消结合”。“防”可以减少火灾的发生，避免火灾的危害。“消”则可以减少已经发生火灾所造成的损失及人员伤亡。

二、消防工作的基本任务

（1）控制、消除发生火灾、爆炸的一切不安全条件和因素。

（2）限制、消除火灾、爆炸蔓延、扩大的条件和因素。

（3）保证有足够的消防人员和消防设备，以便一旦发生火灾，及时扑灭，减少损失。

（4）保证有足够的安全出口和通道，以便人员逃生和物资疏散。

（5）彻底查清火灾、爆炸原因，做到“四不放过”。原因不明不放过；事故责任者和群众未受到教育不放过；防范措施不落实不放过；事故责任者未受到惩处不放过。

三、消防工作的基本措施

1. 行政管理措施

（1）消防管理体制。

（2）实行“谁主管、谁负责”消防安全责任人制度。

（3）各级消防安全责任人的主要职责。

2. 技术管理措施

（1）建筑设计和施工。

（2）难燃或不燃建筑材料。

（3）爆炸危险场所的装置、灭火装置的设置、消火栓设置等。

3. 法制管理措施

（1）消防基本法规。

（2）消防行政法规。

（3）消防技术规范。

第二节　灭火器材的配置与使用

一、几种常用灭火剂

1. 水

水是自然界中分布最广、最廉价的灭火剂，其灭火机理主要依靠冷却和窒息作用进行灭火。水灭火剂的主要缺点是产生水渍损失和造成污染、不能用于带电火灾的扑救。

2. 泡沫灭火剂

泡沫灭火剂的灭火机理主要是冷却、窒息作用。泡沫灭火剂的主要缺点是水渍损失和污染、不能用于带电火灾的扑救。

3. 干粉灭火剂

干粉灭火剂主要通过在加压气体的作用下喷出的粉雾与火焰接触、混合时发生的物理、化学作用灭火。

4. 二氧化碳

二氧化碳是一种气体灭火剂，其灭火主要依靠窒息作用和部分冷却作用。主要缺点是灭火需要二氧化碳浓度高，会使人员受到窒息毒害。

5. 卤代烷灭火剂

卤代烷灭火剂其灭火机理是卤代烷接触高温表面或火焰时，分解产生的活性自由基，通过溴和氟等卤素氢化物的负化学催化作用和化学净化作用，大量捕捉、消耗燃烧链式反应中产生的自由基，破坏和抑制燃烧的链式反应，而迅速将火焰扑灭，是靠化学抑制作用灭火。

二、几种常用灭火器简介

灭火器是由筒体、器头、喷嘴等部件组成，借助驱动压力将所充装的灭火剂喷出，达到灭火的目的，是扑救初起火灾的重要消防器材。灭火器按所充装的灭火剂可分为泡沫、干粉、卤代烷、二氧化碳、酸碱、清水等几类。

1. 泡沫灭火器

分为化学泡沫灭火器和空气泡沫灭火器。

泡沫灭火器的适用范围是B类、A类火灾，不适用带电火灾和C、D类火灾。

化学泡沫灭火器的使用方法：

手提筒体上部的提环靠近火场，在距着火点10m左右，将筒体颠倒过来，一只手握紧提环，另一只手握住筒体的底圈，将射流对准燃烧物。在扑救可燃液体火灾时，如已呈流淌状燃烧，则将泡沫由远及近喷射，使泡沫完全覆盖在燃烧液面上；如在容器内燃烧，应将泡沫射向容器内壁，使泡沫沿容器内壁流淌，逐步覆盖着火液面。切忌直接对准液面喷射，以免由于射流的冲击将燃烧的液体冲出容器而扩大燃烧范围。在扑救固体火灾时，应将射流对准燃烧最猛烈处进行灭火。在使用过程中，灭火器应当始终处于倒置状态，否则会中断喷射。

空气泡沫灭火器的使用方法：

将灭火器提到距着火物6m左右，拔出保险销，一手握住开启压把，另一只手紧握喷枪，用力捏紧开启压把，打开密封或刺穿储气瓶密封片，空气泡沫即可从喷枪中喷出。空气泡沫灭火器在使用时，灭火器应当是直立状态的，不可颠倒或横卧使用，否则会中断喷射；也不能松开开启压把，否则也会中断喷射。

2. 二氧化碳灭火器

二氧化碳灭火器利用其内部充装的液态二氧化碳的正气压将二氧化碳喷出灭火。由于二氧化碳灭火剂具有灭火不留痕迹，并有一定的电绝缘性能等特点，因此更适宜于扑救600V以下的带电电器、贵重设备、图书资料、仪器仪表等场所的初起火灾，以及一般可燃液体的火灾。

二氧化碳灭火器的使用方法：

在使用二氧化碳灭火器灭火时，将灭火器提到或扛到火场，在距燃烧物5m左右，放下灭火器，拔出保险销，一手握住喇叭筒根部的手柄，另一只手紧握启闭阀的压把，对没有喷射软管的二氧化碳灭火器，应把喇叭筒往上扳70°～90°，使用时、不能直接用手抓住喇叭筒外壁或金属连接管，以防止手被冻伤。灭火时，当可燃液体呈流淌状燃烧时，使用者应将二氧化碳灭火剂的喷流由近而远向火焰喷射；如果可燃液体在容器内燃烧时，使用者应将喇叭筒提起，从容器的一侧上部向燃烧的容器中喷射，但不能将二氧化碳射流直接冲击在可燃液面上，以防止可燃液体冲出容器而扩大火势，造成灭火困难。

推车式二氧化碳灭火器一般由两个人操作，使用时由两人一起将灭火器推或拉到燃烧处，在离燃烧物10m左右停下，一人快速取下喇叭筒并展开喷射软管后，握住喇叭筒根部的手柄，另一人快速按顺时针方向旋动手轮，并开到最大位置。灭火方法与手提式的方法一样。

使用二氧化碳灭火器时，在室外使用的，应选择在上风方向喷射，在室内窄小空间使用的，灭火后操作者应迅速离开，以防窒息。

3. 卤代烷灭火器

卤代烷灭火器常用的有1211灭火器和1301灭火器。

可适用于除金属火灾外的所有火灾，尤其适用于扑救精密仪器、计算机、珍贵文物及贵重物资仓库等的初起火灾。

1211灭火器的使用方法：

1211灭火器在使用时，应手提灭火器的提把或肩扛灭火器将灭火器带到火场。在距燃烧物5m左右，放下灭火器，先拔出保险销，一手握住开启压把，另一手握在喷射软管前端的喷嘴处，如灭火器无喷射软管，可一手握住开启压把，另一手扶住灭火器底部的底圈部分。先将喷嘴对准燃烧处，用力握紧开启压把，使灭火器喷射。当被扑救可燃液体呈流淌状燃烧时，使用者应对准火点由近而远并左右扫射，向前快速推进，直至火焰全部扑灭。

1301 灭火器的使用方法：

1301 灭火器的使用方法和适用范围与 1211 灭火器相同，但由于 1301 灭火剂喷出成气雾状，在室外有风状态下使用时，其灭火能力没有 1211 灭火器高，因此更应在上风方向喷射。

4. 干粉灭火器

干粉灭火器以液态二氧化碳或氮气作动力，将灭火器内干粉灭火剂喷出进行灭火。它适用于扑救石油及其制品、可燃液体、可燃气体、可燃固体物质的初起火灾等。由于干粉有 5 万 V 以上的电绝缘性能，因此也能扑救带电设备火灾。

干粉灭火器的使用方法：

在使用干粉灭火器灭火时，可手提或肩扛灭火器快速奔赴火场，在距燃烧物 5m 左右，放下灭火器。如在室外，应选择在上风方向喷射。使用的干粉灭火器若是外挂式储气瓶的，操作者应一手紧握喷枪，另一手提起储气瓶上的开启提环。如果储气瓶的开启是手轮式的，则按逆时方向旋开，并旋到最高位置，随即提起灭火器。当干粉喷出后，迅速对准火焰的根部扫射。使用的干粉灭火器若是内置式储气瓶的或者是储压式的，操作者应先将开启把上的保险销拔下，然后握住喷射软管前端喷嘴根部，另一手将开启压把压下，打开灭火器进行喷射灭火。有喷射软管的灭火器或储压式灭火器，在使用时，一手应始终压下压把，不能放开，否则会中断喷射。使用方法如下图所示。

（1）用一只手握住压把，另一只手托着灭火器底部，取下灭火器	（2）提起灭火器快速奔赴火现场
（3）除掉铅封，拔出保险销	（4）在距离火焰 5m 的地方，右手用力压下压把，使干粉喷射出来，左手拿着喷管左右摆动，使干粉覆盖整个燃烧区

第三节　电 气 防 火 知 识

一、线路的火灾及预防

线路由于架设不正确或安装和使用时违反安全规程，随时有可能形成短路、导线过负荷或局部接触电阻过大，以致产生电火花或高温，造成线路火灾。

电气线路发生火灾，主要是由于线路的短路、过载或接触电阻过大等原因，产生电火花、电弧或引起电线、电缆过热，从而造成火灾。

1. 短路

电气线路中的导线由于各种原因造成相线与相线、相线与零线（地线）的连接，在回路中引起电流的瞬间骤然增大的现象叫短路。线路短路时在极短的时间内会发出很大的热量，这个热量不仅能使绝缘层燃烧，而且能使金属熔化，引起邻近的易燃、可燃物质燃烧，从而造成火灾。

防止短路的措施：

按照环境特点安装导线，应考虑潮湿、化学腐蚀、高温场所和额定电压的要求。导线与导线、墙壁、顶棚、金属构件之间，以及固定导线的绝缘子、瓷瓶之间，应有一定的距离。距地面 2m 以及穿过楼板和墙壁的导线，均应有保护绝缘的措施，以防损伤。绝缘导线切忌用铁丝捆扎和铁钉搭挂。定期对绝缘电阻进行测定；安装相应的保险器或自动开关。

2. 过载（超负荷）

当导线流过的电流超过安全电流值，就叫导线过载。一般导线的最高允许工作温度为 65℃。当过载时，导线的温度超过这个温度值，会使绝缘加速老化，甚至损坏，引起短路火灾事故。

防止过载的措施：

合理选用导线截面。切忌乱拉电线和过多的接入负载。定期检查线路负载与设备增减情况。安装相应的保险或自动开关。

3. 接触电阻过大

导体连接时，在接触面上形成的电阻称为接触电阻。接头处理良好，则接触电阻小；连接不牢或其他原因，使接头接触不良，则会导致局部接触电阻过大，产生高温，使金属变色甚至熔化，引起绝缘材料中可燃物燃烧。

防止接触电阻过大的措施：

应尽量减少不必要的接头，对于必不可少的接头，必须紧密结合，牢固可靠。铜芯导线采用铰接时，应尽量再进行锡焊处理，一般应采用焊接和压接。铜铝相接应采用铜铝接头，并用压接法连接。经常进行检查测试，发现问题，及时处理。为了防止或减少配电线路事故的发生，必须按照电气安全技术规程进行设计，安装使用时要严格遵守岗位责任制和安全操作规程，加强维护管理，及时消除隐患，保障用电安全。

二、电气设备的火灾及预防

（一）变压器的火灾危险性及预防措施

运行中的变压器发生火灾和爆炸的原因有以下几个方面。

1. 绝缘损坏

（1）线圈绝缘老化。当变压器长期过载，会引起线圈发热，使绝缘逐渐老化，造成匝间短路、相间短路或对地短路，引起变压器燃烧爆炸。因此，变压器在安装运行前，应进行绝缘强度的测试，运行过程中不允许过载。

（2）油质不佳，油量过少。变压器绝缘油在储存、运输或运行维护中不慎而使水分、杂质或其他油污等混入油中后，会使绝缘强度大幅度降低。当其绝缘强度降低到一定值时就会发生短路。因此，放置时间较长的绝缘油在投入运行前，必须进行化验，如水分、杂质、黏度、击穿强度、介质损失角、介电常数等项。运行中，也应定期化验油质，发现问题，应及时采取相应的措施。

（3）铁芯绝缘老化损坏。硅钢片之间绝缘老化或者夹紧铁芯的螺栓套管损坏，使铁芯产生很大的涡流，引起发热而使温度升高，也将加速绝缘的老化。因此变压器铁芯应定期测试其绝缘强度（测试方法和要求与线圈相同），发现绝缘强度低于标准时，要及时更换螺栓套管或对铁芯进行绝缘处理。

（4）检修不慎，破坏绝缘。在吊芯检修时，常常由于不慎将线圈的绝缘和瓷套管损坏。瓷套管损坏后，如继续运行，轻则闪络，重则短路。因此，检修时应特别谨慎，不要损坏绝缘。检修结束之后，应有专人清点工具（以防遗漏在油箱中造成事故），检查各部件、测试绝缘等，确认完整无损，安全可靠才能投入运行。

2. 导线接触不良

线圈内部的接头、线圈之间的连接点和引至高、低压瓷套管的接点及分接开关上各接点，如接触不良会产生局部过热，破坏线圈绝缘，发生短路或断路。因此，在变压器停运检修时，应加以检查，对接触不良的螺栓都必须紧固。对不能停运的变压器，必须进行外部接点检查；检修时在焊接前必须将焊接面清洗干净，焊接后认真检查焊点质量，以防运行时焊点脱落引起事故；应将开关转换到位，逐个紧固螺栓，确信一切正确无误时，才允许投入运行。

3. 负载短路

当变压器负载发生短路时，变压器将承受相当大的短路电流，如保护系统失灵或整定值过大，就有可能烧毁变压器，这样的事故在供电系统中并不罕见。

4. 接地不良

油浸电力变压器的二次侧（380/220V）中性点都要接地。当三相负载不平衡时，零线上就会出现电流。如这一电流过大而接地点接触电阻又较大时，接地点就会出现高温，引燃可燃物。为此，应经常检查接地线、点是否连接完整紧固，并应定期测试接地电阻。

5. 雷击过电压

油浸电力变压器的电流，大多由架空线引来，很易遭到雷击产生的过电压的侵袭，击穿变压器的绝缘，甚至烧毁变压器，引起火灾，所以必须采取相应的防雷措施。

（二）电动机的火灾及预防

1. 电动机的火灾原因

电动机发生火灾的原因主要是选型、使用不当，或维修保养不良造成的，有些电动机质量差，内部存在隐患，在运行中极易发生故障，引起火灾。

2. 电动机火灾的预防措施

电动机的主要起火部位是绕组、引线、铁芯、电刷和轴承。它在使用过程中发生火灾的主要原因是过载、绝缘损坏、接触不良、选用不当、单相运行机械摩擦、铁损过大、接地装置不良。

（1）根据电动机具体环境（高温、潮湿、腐蚀、气体、爆炸危险场所等）选择相应的型号（封闭型、开启型、防爆型）；

（2）根据负载选择电动机的容量；

（3）根据负载的机械转速选择电动机的转速；

（4）注意接法不要接错，选择好电线截面；

（5）保险丝和开关安装在非燃烧体上；

（6）经常进行维修保养，防止过负荷和两相运行等。

（三）照明灯具的火灾及预防

1. 几种常用灯具的火灾危险性

（1）白炽灯。白炽灯的灯丝被加热到白炽体，温度高达 2000℃～

3000℃而发出光来。所以白炽灯泡表面的温度很高，能烤燃接触或临近的可燃物质。

（2）荧光灯。荧光灯的火灾危险主要是镇流器发热烤着可燃物。如制造粗劣、散热条件不好或与灯管配套不合理，以及其他附件发生故障时，其内部温升能破坏线圈的绝缘强度，形成匝间短路，产生高温，引燃周围可燃物造成火灾。

（3）高压汞灯。正常工作时，其灯光表面温度虽比白炽灯略低，但因常用的高压汞灯功率都比较大，不仅温升的速度快，且发出的热量仍然较大。如400W 的高压汞灯，其表面温度约为180℃～250℃。

（4）卤钨灯。卤钨灯工作时，维持灯管点燃的最低温度为250℃；1000W 卤钨灯的石英玻璃管外表面温度可达500℃～800℃，而其内壁的温度则更高，约为1600℃。它的火灾危险性比其他电气照明灯具更大，特别是在基建工地、公共场所中引起的火灾事故较多，必须予以足够的重视。

2. 常用灯具的防火措施

除应根据环境场所的火灾危险性来选择不同类型的灯具外，还应符合下列防火要求：

（1）白炽灯、高压汞灯与可燃物、可燃结构之间的距离不应小于50cm，卤钨灯与可燃物之间的距离则应大于50cm。

（2）卤钨灯管附近的导线应采用有玻璃丝、石棉、瓷珠（管）等耐热绝缘材料制成的护套，而不应直接使用具有延燃性的绝缘导线，以免灯管的高温破坏绝缘层，引起短路。

（3）严禁用纸、布或其他可燃物遮挡灯具。

（4）灯泡距地面高度一般不应低于2m。如必须低于此高度时，应采取必要的防护措施。可能会遇到碰撞的场所，灯泡应有金属或其他网罩防护。

（5）灯泡的正下方不宜堆放可燃物品。

（6）户外或某些特殊场所的照明灯具应有防溅设施，防止水滴溅射到高温的灯泡表面，使灯泡炸裂。灯泡破碎后，应及时更换或将灯泡的金属头旋出。

（7）镇流器安装时应注意通风散热，不准将镇流器直接固定在可燃天花板、吊顶或墙壁上，应用隔热的不燃材料进行隔离。

（8）镇流器与灯管的电压与容量必须相同，配套使用。

（9）灯具的防护罩必须保持完好无损，必要时应及时更换。

（10）可燃吊顶内暗装的灯具（全部或大部分在吊顶内）功率不宜过大，并应以白炽灯或荧光灯为主。灯具上方应保持一定的空间，以利散热。

（11）暗装灯具及其发热附件，周围应用不燃材料（石棉板或石棉布）做好防火隔热处理。安装条件不允许时，应将可燃材料涂刷防火涂料。

（12）明装吸顶灯具采用木制底台时，应在灯具与底台中间铺垫石棉板或石棉布。附带镇流器的各式荧光吸顶灯，应在灯具与可燃材料之间加垫瓷夹板隔热，禁止直接安装在可燃吊顶上。

3. 照明供电设施的防火措施

照明供电系统包括照明总开关、熔断器、照明线路、灯具开关、挂线盒、灯头线（指挂线盒到灯座的一段导线）、灯座等。这些零件和导线的电压等级及容量如选择不当，都会因超过负荷、机械损坏等而导致火灾的发生。因此，必须符合以下防火要求：

（1）在火灾和爆炸危险场所安装使用的照明用灯开关、灯座、接线盒、插头、按钮以及照明配电箱等，其防火、防爆性能应符合 GB 50058—1992《爆炸和火灾危险环境电力装置设计规范》的要求。

（2）各种照明灯具安装前，应对灯座、挂线盒、开关等零件进行认真检查。发现松动、损坏的要及时修复或更换。

（3）开关应装在相线上，螺口灯座的螺口必须接在零线上。开关、插座、灯座的外壳均应完整无损，带电部分不得裸露在外面。

（4）功率在 150W 以上的开启式和 100W 以上其他类型灯具，不准使用塑胶灯座，而必须采用瓷质灯座。

（5）各零件必须符合电压、电流等级，不得过电压、过电流使用。

（6）灯头线在天棚挂线盒内应做保险扣，以防止接线端直接受力拉脱，产生火花。

（7）灯具的灯头线不得有接头；需接地或接零的灯具金属外壳，应有接地螺栓与接地网连接。

（8）各式灯具装在易燃结构部位或暗装在木制吊平顶内时，在灯具周围应做好防火隔热处理。

（9）用可燃材料装修墙壁的场所，墙壁上安装的灯具开关、电源插座、电扇开关等应配金属接线盒，导线穿钢管敷设，要求与吊顶内导线敷设相同。

（10）照明与动力如合用同一电源时，照明电源不应接在动力总开关之后，而应分别有各自的分支回路，所有照明线路均应有短路保护装置。

（11）照明电压一般采用 220V。携带式照明灯具（俗称行灯）的供电电压不应超过 36V。如在金属容器内及特别潮湿场所内作业，则行灯电压不得超过 12V。36V 以下照明供电变压器严禁使用自耦变压器。36V

以下和220V以上电源插座应有明显区别，低压插头应无法插入较高电压的插座内。爆炸危险场所严禁使用行灯。

第四节　初起火灾的扑救与人员逃生

一、初起火灾的扑救

（一）燃烧的基本条件

（1）可燃物质；

（2）助燃物——氧或氧化剂；

（3）一定的温度——物质燃烧的温度。

（二）灭火的基本方法

由燃烧必须具备的几个基本条件可以得知，灭火就是破坏燃烧条件使燃烧反应终止的过程。灭火基本方法有冷却、窒息、隔离和化学抑制。

1. 冷却灭火

对一般可燃物火灾，将可燃物冷却到其燃点或闪点以下，燃烧反应就会中止。水的灭火机理主要是冷却作用。

2. 窒息灭火

通过降低燃烧物周围的氧气浓度可以起到灭火的作用。通常使用的二氧化碳、氮气、水蒸气等的灭火机理主要是窒息作用。

3. 隔离灭火

把可燃物与引火源或氧气隔离开来，燃烧反应就会自动中止。

4. 化学抑制灭火

使用灭火剂与链式反应的中间体自由基反应，从而使燃烧的链式反应中断使燃烧不能持续进行。常用的干粉灭火剂、卤代烷灭火剂的主要灭火机理就是化学抑制作用。

采用哪种灭火方法，应根据燃烧物质的性质、燃烧特点和火场的具体情况，以及消防技术装备的性能进行选择。有些火场，往往需要同时使用几种灭火方法，这就要注意掌握灭火时机，充分发挥各种灭火剂的效能，才能迅速有效地扑灭火灾。

（三）扑救火灾的一般原则

报警早，损失小；边报警，边扑救；先控制，后灭火；先救人、后救物；防中毒，防窒息；听指挥，莫惊慌。

（四）人身着火扑救方法

发生火灾时，如果身上着火，千万不能奔跑。因为奔跑时，会形成一股风，大量新鲜空气冲到着火人的身上，就像是给炉子扇风一样，火会越烧越旺。着火的人乱跑，还会把火种带到其他场所，引起新的燃烧点。身上着火，一般总是先烧着衣服、帽子，这时，最重要的是先设法把衣、帽脱掉。如果一时来不及可把衣服撕碎扔掉，也可卧倒在地上打滚，把身上的火苗压熄。倘若有其他人在场，可用湿麻袋、毯子等把身上着火的人包裹起来，就能使火扑灭；或者向着火人身上浇水，或者帮助将烧着的衣服撕下。但是，切不可用灭火器直接向着火人身上喷射。因为，多数灭火器内所装的药剂会引起烧伤者的创口产生感染。

二、自救与逃生

（一）对初期火灾的处理

（1）初起火一般很小，居住者不要只顾自行灭火，而要迅速报警；

（2）人员从起火房间撤离后，要立即关闭起火房间的门；

（3）在着火期间不要重返房间；火被扑灭后，进入房间要谨慎。

（二）逃生准备

1. 逃离后要随手关门

不论是位于起火还是非起火房间，逃至户外后，要做到随手关门。

2. 爬行

当夜间察觉有烟时，要翻身下床，朝门口爬去。即使站起来受得了，也应极力避免。因为1.5m以上的空气里，早已含有大量的一氧化碳，千万不要站立开门。

3. 利用防毒面具或湿毛巾

逃生者多数要穿过烟雾弥漫的走廊，才能离开起火区，而烟对生命的危害比火更大，所以，逃生过程中防止吸入烟尘非常重要。如果身边有防毒面具，则要充分利用，如果没有可用折叠几层的湿毛巾（用水浸湿后拧干），无水时干毛巾也可，捂严口和鼻，冲出火场。

4. 自制救生绳索，不到万不得已，切勿跳楼

如果受到火势直接威胁，必须立即脱离时，可以利用绳子拴在室内重物、桌子腿、牢固的窗等可以承重的地方，将人吊下或慢慢自行滑下，下落时可戴手套，如无手套用衣服毛巾等代替，以防绳索将手勒伤，如无绳索，可将窗帘、床单等撕成条做成绳子用。下滑时，一是要保证绳索可以承受你的体重，二是如果下到下面的某个楼层即可脱险，则不必要到达地面，可在下面某个未起火的楼层将玻璃踢破进入，如果不跳楼即死，则在跳楼前先挑选一些富有弹性的东西丢下，如弹簧床垫、沙发棉被等，跳下时双手抱枕部，屈膝团身跳下，如果下面有救生气垫，则要四肢伸展，面朝天平躺对准垫上的标志跳下。

5. 利用自然条件，作为救生滑道

如果烟火封住楼梯通道，可以利用建筑物的天窗、阳台、落水管或竹竿等谨慎逃离火场。

6. 不要乘坐电梯

电梯井直通大楼各层，烟、热、火很容易涌入，在热的作用下会造成电梯失控或变形，烟与火的毒性或熏烤可危及人的生命，所以火灾时千万不要乘坐电梯。

7. 疏散楼梯的选择

在高级建筑物中，发出火警后走廊里都会亮起疏散的指向装置，要镇静下来注意观察，即使没有指示灯，一时又逃不走，也要创造避难间与火搏斗。

在火场中首先要选择的是逃出火场，因此，逃生时要选择下楼的楼梯，下楼梯时要抓住扶手，因为人们奔跑起来会把你撞倒。

如果下楼楼梯已起火，可用床单等物打湿披在身上冲下去，切不可怕烧伤犹豫不决，丧失良机。如果下楼楼梯已烧塌，可上行至天台、楼顶拖延时间，等待救生时机。

（三）创造避难条件

1. 走不出房间就要与火搏斗

当各种逃生之路均被切断时，应退回室内等候公安消防队救援。可以把门窗紧闭，有条件的向门上浇水，同时向窗外扔些软物，告诉楼下人员，楼上有人被困，夜间则可向外打手电、敲面盆等，发出求救信号。

2. 利用阳台或扒住窗台翻出窗外，避开烟火的熏烤

万一走廊、楼梯被大火封锁，居住房间也浓烟滚滚，人可到阳台暂避，一般混凝土阳台抗烧时间长，依在一角可避开楼内冲出的烟、火和热气流。阳台外露，空气流通，室内窜入的烟雾容易被风吹散，另外也便于呼救。

3. 要镇静，在火灾中与其坐以待毙，不如背水一战，与火搏斗

一方面要有科学的方法，另一方面要保持镇静，用理智支配自己的行为，尽力延长你的清醒时间，并发出求救信号，从多起建筑火灾特别是高层建筑火灾案例看，在大火发生时，烈火并不是强大的敌人，浓烟和惊慌才是导致伤亡的重要原因。这就是说，人除了被火直接烧死和被烟窒息死亡外，还有一些因为在应付紧急事件中逃生手段选择错误而延缓了逃生时间烧死或窒息死亡的。

4. 熟悉自己的环境

外出旅游或出差住进饭店，要阅读客人须知，知道有关规定，哪些行为不能做。查看防毒面具在何处并阅读使用方法。按照门后贴的逃生路线图实地走一遍，观察一下何处有灭火器材，何处有消火栓，防火门在哪里，疏散楼梯在哪里。这种细心是很必要的，养成习惯，有备无患。

5. 积极互救

（1）受灾者间的互救。在多数火灾中出现的敲门，喊“着火了”的目的是招呼别人。在疏散途中，扶老携幼，允许走廊里被困人员到自己房间来避难等。

（2）协助受灾者疏散。服务人员迅速打开楼梯间的门和打开锁着的楼梯，帮助受灾者尽快离开楼梯。

参 考 文 献

[1] 蔡树人.《电业安全工作规程（电力线路部分）》条文答疑. 北京：中国电力出版社，2004.